中国农业大学经济管理学院文化传承系列丛书

粮　食　问　题

许　璇　著

中国农业出版社

北　京

中国农业大学经济管理学院文化传承系列丛书

编委会主任　辛　贤　尹金辉　司　伟

编委会成员　李　军　王秀清　冯开文
　　　　　　　　吕之望

本 书 著 者　许　璇

凡　　例

1. 统一采用横排简体字版式，原竖排版式中右、左等方向词相应改为上、下。

2. 在编辑整理过程中，对明显的文字排校差错进行必要的订正，疑字、缺字和无法认清的字用"□"标示。

3. 原著中的繁体字、异体字和错别字作统一规范，通用的字、词保持原貌，不作更改。

4. 专著、论文、演讲稿、讲义、书信等标题，都在文末以注释的形式作题解，写作时间、发表时间齐全的文章在文末以括注的形式作题解，时间不详或无考的，按推论发表时间顺序排列。

5. 资料来源于各地和各类档案、图书、报刊、旧志、文物、资料汇编等，一般不注明出处。有些史实资料无法搜集齐全或者难以考证的，保留本来面貌，并在文末予以说明，以待后人查考补正。

6. 原著行文中的历史纪年，1949 年 10 月 1 日中华人民共和国成立前使用历史纪年和民国纪年，涉及其他国家的使用公元纪年；中华人民共和国成立后使用公元纪年。

7. 原著或译著中涉及中国地名、行政区划归属与今不同者，不作更改。原著或译著中涉及外国地名、人名，已译为中文的不作更正，未译为中文的保持原样，不翻译。部分人名、地名、书名在译文后重复的外文原文，大都予以删除。

8. 1945 年以前的原著及 1949 年以前的译著中，台湾、香港皆作为一个单独的地区名出现，除少数地方为避免产生歧义改为"中国台湾""中国香港"外，一般仍保留原样。

9. 为方便读者阅读，原著及译著文献中用中文或阿拉伯数字表示的数据、时间（世纪、年代、年、月、日、时刻）、物理量、约数、概数等统一用阿拉伯数字表示，统计表内的数据统一使用阿拉伯数字，并对原著中的图、表进行标序。

10. 原著或译著中的地名、机构名称、职称、计量单位及币种，一般指当时称谓，仍沿用当时旧称，保持不变。1949 年以后币种不特别指明的均为人民币。1949—1955 年的人民币值，保留原样，未折算成新人民币值。

11. 原著中无标点的，按现行新式标点予以标注，非标准的标点，则适当规范校正。

12. 原著正文和注释中引用外文的，以及译著中未翻译的外文，皆保留原貌，不作翻译。

13. 编者所加注释，标明"编者注"置于页下，并加相应序号。

序　言

我国近十余年来，每年输入大量之米谷小麦及面粉，国人多以为粮食前途，至为可危，斯诚忧国忧民之言也。然在实际上，自外国进口之米麦，与我国米麦之生产额及消费额相较，其比例尚小；且现在我国土地之生产力，尚有余裕，耕地面积之扩张，亦甚有望，故粮食自给之可能性颇强。现在粮食问题，所当引以为忧者，不在粮食之不足自给，而在不知利用其自给之可能性，设法以解决之。倘我国政府，能急起直追，于粮食之生产政策，关税政策及统制政策，兼程并进，务底于成，则中国最近将来，粮食当可完全自给。否则因循苟且，不为未雨绸缪之计，但为临渴掘井之谋，恐年复一年，将来人口日增，或国民生活程度上进，而生产仍如故，或且衰退，则粮食不足之程度，后将益深而莫能救药。故中国今日之粮食问题，正在能否自给之分歧点，进则可达于自给之域，退则将永远不能自给，此则我国人最宜注意者也。本篇所论述者，以粮食自给为目标，其方法则在增加生产，以丰富国内粮食之给源，运用关税政策，以防遏国外粮食之输入，而其要尤在实行粮食统制，以解决诸种问题。

人口与粮食，有不可离之关系，世之谈粮食问题者，辄与人口问题，相提并论，非无故也。顾从人口政策上论之，往往以生活资料不足为虑，倡人口调节或人口制限之说。而从粮食政策上论之，

---

* 本书为商务印书馆 1934 年初版。

应竭力谋扩大一国之生产力，以扶养年年增加之人口。就近年来世界人口统计及各种粮食生产统计观察之，生活资料之增加，确较人口之增加为速，我国将来生活资料与人口之增加，能否保其均衡，固难断言，而我国粮食生产，可以扩充之余地尚多，果能以自给为目的，努力进行，将来人口虽年有增加，亦不足虑。故本篇概为积极之粮食论，而不为消极之人口论。惟粮食问题，导源于人口问题，故于第一章，略述人口论之要旨，以明人口与粮食之关系。

现在国际风云，日益险恶，第二次世界大战，一旦发生，我国欲严守中立，以避其锋，势实难能。从国防上论之，军事固应早为准备，而粮食为战时之唯一生命线，尤宜预行筹划，以策万全。至战事起后，粮食问题，更有特别处理之必要，故于第五章第四节，参照欧战时各国之经验，略论战时统制问题，以终是篇。

粮食问题，颇为繁博，其最终目的，应在分配之公平，俾全国民各得增高其生活。今日世界文明各国，富者一饭之资，所费不赀，贫者不得一饱，甚且转沟壑以死，此种现象，我国尤甚。此非一国生活资料能否充足之问题，而为分配能否普遍之问题。但此涉于社会全般问题，容俟异日，再行讨论，本篇姑从略写。

著者历年忝列大学讲席，所积文稿颇多，然皆不慊于心，未敢出而问世。本篇系今年春夏间，在北平农学院之讲演稿，初亦无意付梓，嗣以同人之怂恿，夏假多暇，稍加增订，遂获是篇。著者学识肤浅，不足以穷本问题之奥窍，重以我国关于粮食之生产消费及其他统计，异常缺乏，即有之，亦不甚精确，每欲旁征曲引，以证吾说，辄有不足之感，观察容有未周，谬误知所难免，海内宏达，幸指正之。

民国二十三年八月二十日许璇识于北平大学院

目　　录

第一章　人口问题

第一节　人口论之概要

粮食问题之意义及范围，所包颇广，而其源实发于人口问题，故欲讨论粮食问题，必先讨论人口问题。兹先就人口问题略述之：

人口问题，自古有之，而关于人口之理论的研究，实在 18 世纪之后。凡研究人口问题者，必追溯马尔塞斯①（Thomas Robert Malthus 1766—1834）之人口论。虽其所说，甲论乙驳，至今未休，而在学术史上，马尔塞斯之学说，实为人口论之中心。

马尔塞斯于 1798 年，发表人口原理论（An Essay on the Principle of Population）。该书中所谓人口原理者，在个人主义学派所谓经济原理中，为最有力的学说之一，但其所论与斯密司（Adam Smith）之所论不同。斯密司所研究者，为诸国民之富之性质及原因，马尔塞斯所研究者，为诸国民之贫之性质及原因。即马尔塞斯以为当讨论人口问题时，先有二种之公准（Postulates）：①食物为人之生存所必要；②两性间之性欲（The Passion between the Sexes）为必要的，且大致维持现状。有此两前提，故其结果人口当增加无已，但人口增加，必须食物同时增加，方足养之。而人口之增加力，较之土地生产人间生活资料之力遥大，即人口若无妨碍，当以几何的比例增加，生活资料，则仅以算术的比例增加。如此人口之繁殖能力，与土地之生产力，自然的不均等，其结果人类间必发生穷困（Misery）与罪恶（Vice）以为人口增加之障碍。前者为绝对的必然的结

_____

① 今译为马尔萨斯。——编者注

果（Absolutely Necessary Consequence），后者为可能的结果（Highly Probable Consequence）云。由是可见马尔塞斯之所论，与当时哥特文（William Godwim）等之见解正相反对。即哥特文等以为人类之理性，无限的发达，社会之改良，亦应无限的实现。马尔塞斯则以为人间为"人口原理"之自然法则所支配，虽如何发挥其理性，而因食物不足所生之人口增加之障碍，终不能免，社会中多数之人，陷于穷困者，非社会制度及经济组织之罪，全为"人口原理"之自然法则之结果。[①]

以上所述，为马尔塞斯最初版之"人口原理论"之要旨。其后迭加修正，谓人口增加之障碍，穷困及罪恶之外，尚有道德的抑制（Moral Restraint）。即彼以为人口之增加，有终极的障碍（Ulitmate Check）与直接的障碍（Immediate Check）。前者指食物之不足而言后者谓自食物不足所生之种种现象，及食物不足以外之事情，足使人身衰弱，以至于死者。又直接的障碍，得分为预防的抑制（Preventive Check），及积极的抑制（Positive Check）。前者即人类自动的抑制，后者如疾病、战争、贫困及不卫生等。更依他种之标准，大别之为三。即①为道德的抑制；②为罪恶；③为穷困是也。道德的抑制，为预防的抑制之一种。但避结婚而不为不道德行为，亦可为预防的抑制。但虽避结婚，而为不道德的行为，则为罪恶。

要而论之，据马尔塞斯之所说，社会中多数人之贫困与失业，实基于自然法则之作用，一切人工的社会改良策，全归无效。故近今学者多反对之，而其最著者为马克思（Marx）。据马克思之所说，马尔塞斯所视为对于食物之绝对的过剩人口，实为对于资本之相对的过剩人口。若资本主义一旦撤废之，此现象自当绝迹。盖生产资本，自不变资本（Constant Capital）与可变资本（Variable Capital）而成。此二者之比例，决非固定的，资本之蓄积过程中，前者之比例增大，后者之比例则减少。因之对于劳力之需要减少。失业者，即所谓产业预备军（Industrial Reserve Army）

---

① Malthus《An Essay on the Principle of Population：As It Affects the Future Improvement of Society》lst. ed. 1798。

者，因之发生。此失业者，即相对的过剩人口（Relative Surplus Population）云。① 即依马克思之主张，若现在之资本主义的生产方法废止，社会主义的生产方法实现，则失业者消灭，人口问题自当随之解决。斯说也，确有相当之理由。惟解决失业问题，是否可完全解决人口问题，不能无疑。食物对于人口之供给，虽或有余，而社会间因失业而穷困者，事诚有之，然若失业问题完全解决，而足养人口之食物，能否充分供给，此又是别要考究之问题。劳动者就业机会之多少，固视可变资本之增减而殊，而劳力之供给量如何，仍可伸缩就业之机会。决定劳力之供给量者为人口，假定可变资本之额，为一定的，则劳动者就业机会之多少当视人口增减之迟速而殊。若人口增加甚速，则人口恐仍为穷困及罪恶所压迫。即令失业问题，可设法防止，而人口与食料之能否均衡，不能借是完全解决之。如欲断定可完全解决，则须先证明社会的生产，无论人口如何增加，其生产力必足以养之而后可。而马克思及其后继者，关于此点，尚未说明。虽 Kaustky 尝论及之，而其结论仍与马尔塞斯之所说暗合。② 故马克思之人口论，虽可补马尔塞斯说之缺点，但不能从根本上推倒之。

其次对于马尔塞斯说之反驳者，大抵谓人口增加，不如彼所说之速，食物增加，不如彼所说之迟。此说颇与事实相符，然亦尚有讨论之余地。

就人口言之，马尔塞斯以后之人口增加，决非如彼所言，每 25 年增加一倍。最近欧洲诸国之人口增加率，大为低下，尤足证明之。斯固由于出生率之减退也。然仅以出生率减退之事实，否认马尔塞斯说，恐不可能。据马尔塞斯所说，人口增加，速于食物增加，若放任之，则发生种种之积极的障碍，阻止人口之增加。倘人间能依预防的抑制，以阻止人口增加，则人口仍处于食物之限界内云。故若最近欧洲诸国之出生率减退，为马尔塞斯所言预防的抑制之结果，则以出生率减退之事实，否认马尔塞斯之说，当非合理。若欲依此事实，否认马尔塞斯之说，则须先证明最近欧

---

① 高昌译《资本论》第 1 卷 6 号第 19 页。
② 寺尾琢磨著《人口食粮问题》第 7 页。

洲诸国之出生率减退，非出于人间之意思，而基于生物学的原因，方为至当。然如达布尔台（Thomas Daubleday）所说，荣养^①佳良，足使生殖力减退，杰路得（Jarrold）、斯宾塞（Herbert Spencer）所说，有机体之发达，足使繁殖力减退，今尚无充分之科学的根据。富家之出生率，概较贫民为低，此诚为事实，然若确定生活程度之向上，减少产儿力，恐失之速断。盖最近欧洲诸国之出生率减退。或由于马尔塞斯所谓预防的抑制之发达也。

次就食料言之，近世学者，多谓食料之增加，不惟与人口之增加，保同一之步调，且超过之。社会主义者无论已，如凯利（Carry）、乔治（Honry George）、巴斯夏德（Bastiat）等，皆谓人口之增加，大可促长分业及机械之发达，故生产力之增大，有一日千里之势。而抱极端之乐观者，尤以 F. Oppenheimer 为最著。彼于其所著"马尔塞斯的人口法则与新经济学"（Das Bevölherungsgesetz dos T. R. Malthus und die Neueren Nationalokonömie）书中，谓人增加之倾向，非在生活资料增加以上，生活资料增加之倾向，转在人口增加以上。并举德国人口变迁之事实，以为德国自 19 世纪初期至 20 世纪初期间，总人口增加 2 倍以上，而都市人口，在 19 世纪初期，为总人口之 20%，20 世纪初期，则达于 70% 以上。如此则农村人口，除产出自家所必要之食料外，尚须产出都市人口所必要之食料。故农村食物之余剩，在 19 世纪初期，仅有 20%，在 20 世纪，达70% 以上。即该期间，人口增加 2 倍。食物增加则应为 3 倍半。此即人口与食物同时增加之证据云。此说似是而实非。若德国人口，今尚如一世纪前，仍在自给自足之状态，则彼之所说，始为正当。而实则不然。自 19世纪初期至 20 世纪初期间，德国已由农业国变为工业国，工业制品之输出，虽迅速增加，而食料之从外国输入者，亦与年俱进，据德国统计局报告，德国最近五十年间，农产物之输入超过量，小麦约增一倍，肉类约增7 倍，牛乳牛酪等，本为输出超过，而亦变为大量之输入。此种现象，非限于德国，近今欧洲文明先进国，食物能完全自给自足者，殆无之。盖在

---

① 今为营养。——编者注

今日，工业国食物之自给自足，已不可能，虽农业国得以其余剩之食物，充分供给工业国，而食物生产之将来，能否如所说之乐观，则未可断言也。

要而论之，马尔塞斯所说人口增加为几何级数，食物增加为算术级数，未免言之过当。而其所说人口与食物之不均衡，可酿成人口限制之种种现象，则固信而有征。故现在谈人口及粮食问题者，仍不能废弃马尔塞斯之说。

第二节　世界人口之变迁

现在世界人口，究有若干，虽尚难确言，而关于人口之推定数颇多。兹示世界人口之总数及其分布状况如表1-1。

表1-1　世界人口①

单位：百万人

	最近于下列年数之人口数		人口增加百分率
	1913	1929	1913 为 100%
欧洲（苏俄不在内）	353.0	374.0	6.0
苏　俄	144.0	158.5	10.1
北美及中美	133.5	165.9	24.3
南　美	56.5	82.1	45.3
亚洲（苏俄不在内）	957.1	1 016.3	6.2
阿非利加	129.1	145.1	12.4
大洋洲	7.7	9.5	26.0
总　计	1 780.9	1 951.4	9.6

与人口及粮食问题，最有密接之关系者，为人口之增加率。世界人口，自19世纪以来，增加甚速，现在文明诸国，人口增加，虽较前较缓，而仍继续增加。如此每年增加之人口，如何扶养之，斯真为最大之问题。故粮食问题为人口问题之中心。

尼布司（G. H. Knibbs），在1916年，估计世界各人种每年每千人

①　《International Yearbook of Agricultural Statistics》1930 第10页。

之增加率，白种（欧洲人）为 12，白种（欧洲以外人）为 8，黄种为 3，棕种为 2.5，黑种为 5；人口加倍所要年数，白种（欧洲人）58 年，白种（欧洲以外）87 年，黄种 232 年，棕种 278 年，黑种 139 年。此等估计数，固未必精确，而其所估计之黄种人口之增加率，与如后所述陈长蘅先生所估计，1800 年至 1932 年中国人口之增加率颇相近，诚为可注意之事。

道坞（Daw）尝就 1800 年至 1900 年间之各国人口之增加，计算其百分率，示之如表 1-2。

表 1-2①

国 名	1800—1900 增加率（%）	国 名	1800—1900 增加率（%）
美 国	1 331.6	瑞 典	118.6
比利时	204.3	意大利	88.4
丹 麦	163.4	葡萄牙	85.1
英 国	155.9	瑞 士	84.1
挪 威	154.6	奥大利②	81.6
德 国	143.2	西班牙	75.6
荷 兰	143.1	法 国	42.5

卡尔桑突（Carr-Saundors）以欧洲之人口为 100，计算各国人口之比例，示之如表 1-3。

表 1-3③

国 名	1880 年	1910 年
英格兰及威尔士	7.77	8.06
苏格兰	1.12	1.06
爱尔兰	1.55	0.98
法 国	11.20	8.76
德 国	13.54	14.52
奥大利	6.63	6.38
比利时	1.65	1.66

① Daw《Society and its Problem》第 57 页。
② Austria 当时译作奥大利，今译为奥地利，下同。——编者注
③ Carr-Saunders《Population》第 77 页。

（续）

国　　名	1880 年	1910 年
匈牙利	4.71	4.67
意大利	8.52	7.75
俄　国	25.82	29.13
其他诸国	17.49	17.03
合　计	100.00	100.00

表 1-3 所示，其中最足惹人注意者，为俄国人口之增加，与法国人口之减少。

又据贝克（Dr. O. E. Baker）之说，世界人口，1700 年约 5 亿，1800 年约 6 亿，1850 年，超于 10 亿，1900 年 15 亿，今日约 19 亿。即 19 世纪以来。世界人口增加三倍。自入 20 世纪，最初 25 年间增加之人数，虽其间有世界大战，而亦在 18 世纪中增加人口之三倍以上，现在每年约增加 2 000 万人云。[①]

此外诸学者，关于世界各国人口之估计数尚多，不胜缕述。而由上所述，已可略知世界人口之趋势矣。惟有宜注意者，人口之自然增加数，为产生数与死亡数之差，而产生率与死亡率，时有变迁，欲知人口之精确的动态，须先知产生率与死亡率，以推定自然增加率之变化。关于此种之详细记述，兹不遑及，但就世界主要国人口统计观察之，得概言之如下。即 ①19 世纪中叶以来，世界主要国，产生率之大小，虽大相悬殊，而除数国外，产生率有渐减之倾向，此种现象至近今而益著。②19 世纪中叶以来，世界主要国，死亡率亦因时与地，大有异同，但除一二例外，死亡率有渐减之倾向。③就产生率与死亡率比较之，大抵产生率较高之国，死亡率亦高，产生率较低之国，死亡率亦低，由此等事实观之，可见产生率虽低，其增加率未必皆低，产生率虽高，其增加率未必皆高，要在比较生产率与死亡率之高低，始可决定之耳。

---

① 那须皓著《人口食粮问题》第 62 页。

要而论之，世界各国，在欧战前，产生虽有渐减之现象，而因死亡率大减，故大多数之国，自然增加率，仍与年俱进。虽自欧战以还，自然增加率，示渐减之倾向者有数国（例如 1908 至 1910 年间，德国自然增加率为 13，1928 年为 7，意大利前者为 12，后者为 10.5，挪威前者为 12，后者为 7.4）。而从大体上观察之，苟非各国人口死亡率超于产生率，则自然增加率虽低，而人口仍有逐渐增加之趋势。人类之生存，既以生活资料为基础，人口增加不已，生活资料，非同时增加不可。故人口问题，为粮食问题之中心，粮食问题，亦为人口问题之中心。

第三节　中国人口之变迁

欲讨论中国粮食问题，须先讨论中国人口问题，可毋俟言。惟欲讨论人口问题，中国人口之总数若何，人口之增加率若何，及人口密度若何，皆宜加以检讨。兹逐次说明之。

中国现在人口，究有若干？言人人殊，莫衷一是。虽历代官府之记载，与外国人之估计，迭有人口的数字之发表，然皆不足深信。近中国人士，研究人口问题者渐多。而因人口调查，尚未定期举行，其所依据之资料，本不足凭，自难得确实之结果。兹惟举数种之调查及估计的数字以供参考。

民政部调查（1910 年）　　　　　342 639 000（全国）

海关调查（1923 年）　　　　　　444 968 000（21 省）

邮局调查（1923 年）　　　　　　436 094 953（21 省）

陈长蘅估计（1912 年）　　　　　443 373 680（全国）

外国人估计中国人口须多，如韦尔柯克（W. F. Willcox），及洛克希尔（W. W. Rockhill）之估计数，现尚为争论之中点。以其不在本篇范围之内，不具述。

中国人口之产生数及死亡数，向未详细调查，故产生率与死亡率，无从计算，因之人口增加率，亦不得而知。陈长蘅先生会参合各种记载，将前清乾隆六年（1741 年）至民国十二年，共 182 年间人口之增加率，详为估计。其资料来源，虽未完全可信，而实有参考之价值，兹表示如表 1 - 4。[①]

表 1 - 4

时　　期	年　数	每年每千人之平均增加率
乾隆 6 年至 58 年（1741—1793）	52	15.14
乾隆 6 年至道光 29 年（1741—1849）	108	9.63
乾隆 58 年至道光 29 年（1793—1849）	56	4.95
嘉庆 5 年至民国 12 年（1800—1923）	123	3.22
道光 15 年至民国 12 年（1835—1923）	88	0.99
道光 29 年至民国 12 年（1849—1923）	74	0.81
光绪 11 年至民国 12 年（1885—1923）	38	2.42
乾隆 6 年至民国 12 年（1741—1923）	182	6.15

备考：表中有×记号者，指本部 18 省人口增加率而言，余均为 22 省。

表 1 - 4 所示数字，固有可疑之点，而即此以观，可见中国人口第一期（1741—1793 年，）之增加率，为 15.14，为中国二百年来人口之极盛时代。自入第二期（1979—1849 年），增加率减为 4.95，至第三期（1849—1923 年），仅为 0.81，其原因如何？兹不遑论。惟有宜注意者，近今世界文明诸国，人口增加率，虽亦有减少之倾向，而其原因概为预防的抑制。而中国人口增加率之减少，则多为饥荒兵灾疫病等所致。马尔塞斯所谓天然的限制者，正与之暗合。中国将来果能打胜天然的限制，又不讲预防的限制，则人口增加率，当不下于欧美诸国。此种食问题，所以不得不预防为筹划也。

中国人口之密度如何？各方之调查及估计，亦未能一致。兹惟据立法院统计月报第 2 卷第 6 期所载，[②] 示各省人口密度如表 1 - 5。

---

① 陈长蘅著《中国近百八十余年来人口增加之徐速及今后之调剂方法》。
② 陈正谟著《中国户口统计之研究》。

表 1-5 各省人口密度表

地 名	面积（平方英里）	人口总数	每平方英里平均人口数
江 苏	44 346	35 510 882	800
浙 江	40 769	20 715 231	508
山 东	69 812	32 500 218	465
河 北	69 358	31 242 050	450
河 南	73 859	31 470 988	426
广 东	91 872	34 876 507	379
安 徽	60 128	21 715 396	361
湖 南	88 589	31 532 712	355
湖 北	78 449	26 724 482	340
江 西	77 654	26 048 824	335
福 建	52 154	16 942 144	324
四 川	165 872	45 552 814	274
山 西	69 715	12 302 800	176
贵 州	71 385	11 331 431	158
陕 西	75 333	11 684 564	155
广 西	85 528	10 970 343	128
辽 宁	126 326	15 274 825	120
西 康	166 667	13 888 294	83
云 南	250 372	10 659 502	42
热 河	74 359	5 450 109	73
吉 林	161 843	6 999 057	43
甘 肃	174 056	5 762 109	33
察哈尔	105 128	2 014 856	19
绥 远	129 103	2 162 100	16
西 藏	321 408	5 234 359	16
青 海	328 526	4 599 364	14
黑龙江	293 864	3 417 250	11
蒙 古	626 466	5 300 000	8
宁 夏	103 846	704 884	6
新 疆	705 128	2 675 289	3
合 计	4 781 915	485 163 386	101

更据世界年鉴（1926 年）示世界主要国之人口密度于下以资比较（表 1 - 6）。

表 1 - 6

国　名	每平方英里密度	国　名	每平方英里密度
比利时	648.0	法兰西	184.4
英本国	464.3	美　国	35.5
日本本国	392.4	大英帝国	32.9
意大利	329.1	苏　俄	16.1
德意志	328.0	澳大利亚	1.8

由表 1 - 5 观之，中国各省之人口密度，以江苏为最高，浙江次之，山东以下诸省又次之，新疆最低。即每平方英里中，平均人口数，最高者达于 800 人，最低者仅有 3 人，其余各省，亦至不齐。足见中国人口分布之不平均。更与表 1 - 6 比较之，中国人口密度，总平均数虽只有 101 人。而江苏之人口密度，较之世界任何国家为高（但此尚有可疑之点），浙江除比利时外，比其余诸国为高，山东与英本国相伯仲，河北、河南，几与之比肩，广东、安徽、湖南、湖北、江西诸省之人口密度，在日本与意、德之间，福建殆与意、德相等。可见中国东南部及北部人口稠密之诸省，足与世界人口稠密之诸国相颉颃。惟西南西北及东北诸省，人口密度较低耳。然如四川，虽远不可及德、意，而高出法国之上，山西几足与法国相比，西康、云南、热河、吉林，虽人口密度颇低，而皆在美国之上。此中国人口密度之大概情形也。至人口密度与粮食问题，有如何之关系？当与人口对于耕地面积之比例，一并论之，后再述。

第二章　粮食生产问题

第一节　世界粮食生产问题

世界人口之概况，前已述之矣。如此年年增加之人口，若衣食住之资料，不足供给之，则不能维持其生活，可无俟言。惟此三者中，与人间之生命，最有密接之关系者，厥惟食物，亦不要赘论。今日之粮食问题，非专在于粮食之生产，而粮食之分配如何？亦至为重大之问题。但粮食生产问题，不先谋解决之方，则粮食分配问题，将徒托诸空言。故现在世界粮食之生产状况及其趋势，应考察及之。

世界人类所从事之职业，至为纷歧，而其从事于农业者特多，实为不可争之事实。兹示世界人口与农业人口之概数于表2-1。

表2-1[①]　**世界人口及农业人口估计数**（1930）

	人口总数（百万）	农业人口数（百万）
欧洲（苏俄不在内）	379	139
苏　俄	161	140
北　美	134	31
南美及中美	117	76
阿非利加洲（非洲）	142	107
亚　洲	1 070	805
大洋洲	10	3
总　计	2 013	1 301

---

① 《World Agriculture》，A Report by Study Group of the Royal Institute of International Affairs，第3页。

表 2-1 所示农业人口之数，系估计的，且非纯粹的农业人口，固难认为精确。然即此已足见世界人口从事于农业者之特多，并足见农业与人间生活之关系，较之他种职业，更为密切。惟世界人口中大多数之农业人口，究产出几何之食物？未易确知，即其已知之部分，亦不胜枚举，兹惟从大体上观察之。

据贝克（O. E. Baker）之所说：19 世纪以后，世界人口之激增者，粮食生产之增加，大与有力焉。惟食物概为农地之所产，地球上得为农地之面积，究有若干？虽难确知，而概而言之，除南北极圈内之冻冰地带外，陆地面积约 5 200 万平方英里，其中 1 000 万平方英里，过于寒冷，1 700 万平方英里，过于干燥，皆不适于耕作，其属于瘠薄之山地者，又有 1 100 万平方英里。今将此等面积扣除之，可为耕作之土地，约有 1 400 万平方英里，此中土质不良者约有 300～400 百万平方英里。故将来适于耕地者，不过 1 000 万平方英里。现在世界，已经耕作之土地，约 400 万平方英里，其余土地土质，不甚良好。即使全开拓之，若非农业技术进步，每单位面积之收获大增，则将来世界人口，达于今日之 2 倍时，欲如今日之消费食物，当见其困难。然每单位面积之收获，若能倍加，则可养今日之 4 倍，即 80 亿之人口云。由此说：世界将来之食物，能养今日之几倍人口？虽未敢明言，而就世界全体论之，现在去人口饱和点（Saturation Point of Population）尚远，则固可断而言之。威廷斯克（Waytinsky）尝就世界各国，估计其生产面积，与非生产面积，及农业价值未定地之面积。据其结果：欧洲生产面积之比例甚高，农业价值未知地极少，而在他洲，农业价值未知地尚甚多。此种事实，与粮食之将来，大有关系。盖农业价值未知地，面积既甚广大，若其大部分，能以有效的方法，善开发之，则粮食之前途，当不虞其匮乏。何则，现在世界人口之增加，已有缓进之倾向故也。

人口及粮食问题上，所最应注意之点，不在粮食之现在产额，而在其过去发达之状态，及将来生产之趋势。马尔塞斯谓人口以几何级数增加，食物以算术级数增加，对于食物之增加，所以抱如是之悲观者，彼盖已认识土地有收益渐减法则（Law of Diminishing Returns）之存在也。收益渐减，为一种之自然法则，若放任之，不论何国，早晚必当实现。美国农地广大，土质又佳，而汤蒲逊（Thompson）谓：自本世纪[1]始至欧战前，收益渐减法则，已开始其作用，其明证也。然收益渐减法则，虽可限制土地生产力，而得依农业技术之发达，与经济事情之改进，以对抗之。且耕地之扩张，亦可缓和此法则之作用。试一观最近世界主要食物之生产状况，即可见其一斑。兹示其生产指数如表2-2。

表2-2　最近世界主要食物之生产指数[2]

	1924—1926年平均（1913年为100）	1927—1929年平均（1913年为100）	1927—1929年较1924—1926年之增加百分率
谷物及其他食用作物			
小　麦	104	113	9
黑　麦	97	106	9
大　麦	86	100	16
燕　麦	100	107	7
玉蜀黍	103	105	2
米	111	113	2
马铃薯	112	129	15
甜菜糖	103	116	13
甘蔗糖	171	185	8
肉　类			
牛　肉	116	117	1
豚　肉	111	125	13
羊　肉	91	101	11

由表2-2观之，可见1924—1926年间，世界主要食物之生产，比之欧战以前，除黑麦、大麦、燕麦、羊肉外，俱有增加。且1927至1929年间之生产，较之1924至1926年间，又有增加。然世界主要食物之生产虽

① 20世纪。——编者注
② 《World Agriculture》第11页。

增加，而对于食物之需要，未必与之相副。例如最近小麦之世界消费额比之欧战前虽稍增，而每人之小麦消费额反减。示之如表 2-3。

表 2-3　世界小麦消费额（种子用量不在内）①

国　别	消费总额［百万公担（Quintals）］			每人消费额（公斤）	
	1909—1910 至 1913—1914 平均	1925—1926 至 1928—1930 平均	1909—1910 至 1913—1914 平均	1909—1910 至 1913—1914 平均	1925—1926 至 1929—1930 平均
欧　洲①	449	474	105.5	129.9	128.7
美　国	139	149	107.2	147.3	124.6
阿根廷	12	16	133.3	170.6	149.1
澳大利亚	8	9	112.5	160.3	146.0
印　度	74	79	106.8	23.6	23.7
其他诸国②	60	82	136.6	15.5	17.6
总　计②	764	828	108.4	65.9	63.2

注：1 公担＝100 公斤＝220.16 磅。

备考：①苏俄不在内；②苏俄、中国及土耳其不在内。

由表 2-3，可知最近每人之小麦消费额，比之欧战以前，稍为减少。虽其原因不一而足，而与表 2-2 合观之，足见世界小麦需要之增加，不及其生产之增加。他种谷物，虽未必与小麦相同，而其供给超于需要，观之滞货统计之所示，即可了然。表之如表 2-4。

表 2-4②

	谷类滞货（Stocks of Cereals）［百万英担（Quintals）］							
	3 月 31 日 (1930 年)	8 月 1 日 (1930 年)	3 月 31 日 (1929 年)	8 月 1 日 (1929 年)	3 月 31 日 (1928 年)	8 月 1 日 (1928 年)	8 月 1 日 (1927 年)	8 月 1 日 (1926 年)
小　麦								
世　界		24.3		23.5		69.2	51.4	34.2
美国及加拿大	20.3		111.3		93.6			
英　国	6.2		1.6		1.7			

---

① League of Nations《The Agricultural Crisis》第 27 页。

② 《The Agricultural Crisis》第 28 页。

（续）

谷类滞货（Stocks of Cereals）［百万英担（Quintals）］								
	3月31日 （1930年）	8月1日 （1930年）	3月31日 （1929年）	8月1日 （1929年）	3月31日 （1928年）	8月1日 （1928年）	8月1日 （1927年）	8月1日 （1926年）
黑　麦								
美国及加拿大	4.1		3.3		1.6			
大　麦								
美国及加拿大	9.2		8.5		6.3			
英　国	0.9		0.6		0.9			
燕　麦								
美国及加拿大	6.6		7.4		5.0			
英　国	0.5		0.2		0.2			
玉蜀黍								
美国及加拿大	3.4		2.2		4.5			
英　国	0.9		1.6		1.0			

马尔塞斯鳃鳃然以食物不足为虑者，当时之交通机关，尚未发达，自外国输入食物颇难，或为其原因之一。今则欧洲诸国，年年自新大陆输入多量之谷物，此则马尔塞斯所不及料者也。所以时至今日，在位于世界经济圈外之穷乡僻壤，或有时穷于食物之供给，而在交通便利之处，世界之食物，人人皆得享用之，即若有购买食物之金钱，或有可与食物交换之商品。则不论食物之种类及分量，皆可获得之。征之最近世界农产物之贸易状况，即可证明此事实。表之如表 2－5。

表 2－5　农产物国际贸易额[①]

单位：百万英担（Cwt.）

	1909—1913	1922—1924	1925—1927	1928—1930	1928—1930 比之 1909— 1913 增加或减少	
					增加（％）	减少（％）
小　麦	285	325	234	350	23	
黑　麦	22	39	28	24	9	

① 《World Agriculture》第 30 页。

（续）

	1909—1913	1922—1924	1925—1927	1928—1930	1928—1930 比之 1909—1913 增加或减少	
					增加（%）	减少（%）
大　麦	103	47	62	75		27
燕　麦	46	30	28	27		41
玉蜀黍	128	133	170	160	25	
米	90	107	127	125	39	
马铃薯	16	22	27	75	56	
糖	143		235	244	71	
可可（Cocoa）	4.5	9	9.6	10.1	124	
茶	6.7	6.6	7.5	8.2	22	
咖　啡	21	25	27	28.6	36	
牛　酪	5.9	6.1	8.4	9.8	66	
乳　饼	4.1	4.9	59	5.9	44	
蛋及蛋产物	8.1			11.2	38	
柑橘类	21			33	57	
牛　肉	11.2			20.8	86	
羊　肉	5.1			57	12	
豚　肉	9.3			15.1	62	

备考：1 英担等于 112 磅。

由表 2-5 观之，欧战以后，各种食物之国际贸易，除大麦及燕麦外，均有与年俱进之现象。就 1928—1930 年，与 1909—1913 年比较之，此等食物国际贸易增加之状况，更为显著。由此可见现在世界，虽一方有食物不足之国，而他方有食物有余之国。若国际贸易，能自由流通，一无障碍，则以甲国有余之食物，补乙国不足之食物，就现在或最近将来之情形论之，以世界之食物养世界之人口当绰有余裕也。

以上所述，乃以世界全体为一单位而论之耳。若就一国之立场上而言，则其观察点应截然不同。粮食之国内生产，不惟自国防上论之，极为重要，即就世界经济发展之趋势观察之，亦不容漠视。盖从前所称之农业国，今将进而为商工国，其人口逐渐增加，食料品及工业原料之输出，自然减少，而自外国输入之工业品，亦应渐减，故在工业国，自外国购买食物之能力，为之削小，因之国内之农业维持或粮食增殖之政策，即在平和时代，亦大见其必要。近来英国努力于农业振兴者，非无故也。以是足见现在粮食问题之重要性，较前大增。

第二节　中国粮食生产问题

欲论中国之粮食生产问题，首宜注意者，为中国耕地面积，及其对于总面积之比例。虽耕地不能全栽培粮食作物（Food Crops），而普通粮食作物栽培面积，占耕地面积之大部分。故耕地面积及其对于总面积之比例如何？与粮食生产之前途，至有关系。兹略述之如下：

中国耕地面积，尚无确实统计，北京农商部所刊行之耕地面积统计，谬误颇多，刘大钧先生曾订正之，著《中国农田统计》一文，虽其中不无可议之处，而尚足资参考。兹录示如表 2-6。

表 2-6

省　区	农田（百万亩）	垦植指数	每人平均亩数
京兆、直、晋、热、察、绥	178.0	19.4	3.5
奉 吉 黑	164.1	9.7	6.8
山　　东	111.8	43.0	3.3
河　　南	140.0	44.3	4.2
江　　苏	74.0	41.3	2.1
安　　徽	101.9	40.0	5.0
江　　西	96.9	30.0	2.3
福　　建	32.3	15.0	2.2
浙　　江	50.0	29.3	2.1
湖　　北	154.5	46.5	5.4
湖　　南	135.6	35.0	3.3
陕　　西	52.5	15.0	3.0
甘　　肃	26.7	4.6	3.6
新　　疆	10.7	0.5	4.0
四　　川	152.7	15.0	2.5

（续）

省　　区	农田（百万亩）	垦植指数	每人平均亩数
广　　东	92.9	20.0	2.5
广　　西	78.4	21.9	6.4
云　　南	26.0	3.8	2.3
贵　　州	8.3	2.6	0.7
合　　计	1 687.3	15.4	3.4

更据《中国农业概况估计》示关于耕地面积之各种数字见表 2 - 7 以资比较。

表 2 - 7①

	已耕地总亩数 （1 000亩）	已耕地亩数占总面积 之百分数（%）	按总人口每人 平均摊得亩数
东北区	223 025	8.8	6.93
1. 黑龙江	50 475	5.2	3.3
2. 吉　林	66 204	14.4	7.87
3. 辽　宁	71 961	16.8	5.00
4. 热　河	17 546	6.1	5.49
5. 察哈尔	16 839	4.1	8.48
西北区	151 901	3.0	4.62
6. 绥　远	18 639	3.7	9.27
7. 宁　夏	2 001	0.5	5.21
8. 新　疆	13 692	0.5	5.56
9. 甘　肃	23 510	3.7	4.32
10. 陕　西	33 496	11.0	3.15
11. 山　西	60 560	21.7	5.05
北方平原	327 075	42.9	3.29
12. 河　北	103 432	46.0	3.35
13. 山　东	110 662	46.5	2.95
14. 河　南	112 981	37.6	3.62
长江下游	293 432	21.4	2.16
15. 江　苏	91 669	52.4	2.60

---

①　张心一著《中国农业概况估计》。

（续）

	已耕地总亩数（1 000亩）	已耕地亩数占总面积之百分数（%）	按总人口每人平均摊得亩数
16. 安　徽	53 511	22.7	2.50
17. 湖　北	61 000	19.5	2.14
18. 湖　南	45 612	12.9	1.69
19. 江　西	41 300	14.1	1.75
西南区	146 397	9.3	2.57
20. 四　川	69 272	15.0	2.56
21. 云　南	27 125	4.2	2.69
22. 贵　州	23 000	8.1	2.51
东南区	106 951	14.6	1.72
23. 浙　江	41 209	26.3	1.99
24. 福　建	23 290	11.4	2.30
25. 广　东	42 540	11.5	1.35
各省总计	1 248 781	10.4	2.97

备考：《中国农业概况估计》，原注云：①总面积根据北平地质调查所按地图测计之数。②已耕地面积指已经耕种的土地面积，森林、荒山、草地等不在内。

表2-6所示数字，系参照历代之官书记载，就农商部统计订正之，表2-7系根据各省报告而估计之。调查年月，既大相悬殊，表中所列省区，又不尽合，而其计算耕地与总面积之比例，及每人平均亩数所采之总面积及人口数，亦不尽相同。故其结果未能一致。兹再示世界主要国耕地面积见表2-8，以资中外之比较。①

表2-8

	耕地对于总面积之比例（%）	草牧地对于总面积之比例（%）	一个人平均摊得耕地面积	
			公　顷	华　亩
希　腊	1.7			
匈牙利	60.0	18.0	0.64	10.4
意大利	44.2	20.3	0.33	5.4

① 《International Year Book of Agricultural Statistics》。

（续）

	耕地对于总面积之比例（%）	草牧地对于总面积之比例（%）	一个人平均摊得耕地面积	
			公　顷	华　亩
德　国	43.9	17.3	0.32	5.2
奥地利	23.0	27.7	0.34	5.5
比利时	40.6	13.3	0.15	2.4
保加利亚	33.7	3.0		
丹　麦	60.1	6.0	0.73	11.9
西班牙	28.3		0.63	10.2
爱尔兰自由国	22.6	48.2	0.53	8.6
芬　兰	6.4	3.4		
俄　国	3.1			
法　国	41.2	21.0	0.55	8.9
英　国	22.6	56.5	0.12	2.0
挪　威	2.5	0.7		
荷　兰	28.5	39.3	0.12	2.0
波　兰	46.7	16.4		
罗马尼亚	44.1	13.8		
瑞　典	9.0	3.1	0.61	2.0
瑞　士	12.3	4.6	0.12	2.0
捷　克	42.9	16.9	0.42	6.8
加拿大	2.7		2.54	41.3
美　国	18.4		1.17	19.0
墨西哥	2.8			
英领印度	46.4		0.51	8.3
日　本	15.3	84.0	0.10	1.6
朝　鲜	19.7	35.4		
澳大利亚	1.5		1.85	30.2
新西兰	2.9	25.4	0.53	8.6

备考：表中所列华亩数系改算。

综观前列三表，先就耕地面积对于总面积之百分比言之，表 2－6 与表 2－7 相较，除前者将京兆、直、晋、热、绥、察并为一团，未便与后者所列之同一区域，相提并论外，其余各省惟新疆、四川完全相等，山东、福建、浙江、陕西、甘肃、云南诸省相差无多，河南、江苏相差较多，安徽更多。至如江西、湖北、广东相差一倍以上，或岁及一倍，湖南岁差三倍，贵州在三倍以上，全国平均数，亦约差1/3。故统观两表，殊有莫知适从之感。但上两表虽有某省估计过高，某省估计过低之嫌，而其所谓耕地，表2－6未包扩园圃在内，表2－7亦未完全列入。故中国耕地面积对于总面积之百分比，决不如此之少，可断而言。兹更进而就表2－8一比较而推论之。

就表2－8观之，如芬兰、瑞典、挪威为北欧之寒国，希腊、瑞士、日本为山岳国，加拿大、澳大利亚、新西兰等，为人口稀薄之新开国。故其耕地面积之百分比，或在10％，或在20％以下。美国耕地之百分比，不及20％者，亦因其农业历史尚新，人口密度较少耳。此外如奥、西、荷、英及爱尔兰自由邦，皆在20％以上。保加利亚在30％以上，德、比、法、意、波兰、罗马尼亚、捷克及英领印度在40％～50％之间，丹麦及匈牙利，均约为60％，可见世界旧开国中耕地面积之百分比，至少在20％以上，多则在40％以上，且有达于60％者。我国幅员辽阔，各省自然状态及经济事情，迥不相侔。如东北区，开发较迟，与世界中之新开国相当，其耕地面积之百分比甚低，可无容疑。其余各省，如滇、黔、桂、秦、陇诸省，山岳稠叠，气候及土质，较为不良，其耕地面积之百分比不大，亦不足怪。至如北方平原，长江流域，闽江流域，珠江流域，为中国农业发达之区，其耕地面积之百分比，从不能如丹麦及匈牙利之多，亦应与德、比、意、法、波兰、罗马尼亚、捷克诸国相伯仲。顾返观诸表2－6及表2－7，如表2－6所示，山东（43％）、河南（44.3％），均在40％以上，表2－7所示之北方平原平均数为42％，足见此两表所列数字大抵相近，决无大误（但表2－7所示河南的数字，似嫌过低）。江苏虽前后两表所示数字，相差11.1％，但即此可见江苏耕地，至少在40％～50％之间，安徽及江西，虽山地及丘陵地散在各处，其地势不及江苏之平坦，而沃野平原所在多有，湖北之周围为山岳所蔽，而其中央平野辽阔，长江贯其中，水流纵横，地味颇腴，湖南南部山岳稠叠，而北部洞庭湖之周围濕畇畇农产裕裕，俗称两湖熟则天下足，诚非无因。且安徽、江西、湖北、湖南诸省，人口虽较稠密，而常供给米谷于他省，其耕地面积之广大，不难推而知之。观之表 2－6 安徽为 40％，江西为 30％，湖北为 46％，湖南为 35％似尚为近理。表 2－7 则安徽为 22.7％，湖北为 19.5％，已嫌其过少，湖南为 12.9％，江西为 14.1％，恐去事实更远。故该表所列长江下游区之平均产数，未免估计太低，浙江西部虽平原绵衍，东部则多山岳，耕地面积之百分比，当不甚大。两表所列数字（29.3％及 26.3％）尚相去不远，或足征信，福建全境山脉磅礴，地势崎岖，耕地面积之百分比，当在表 2－6 与表 2－7 所示数字之间，广东东北部及西南部，山脉横巨地势颇高，而中部则有粤江平原，沃野弥望，其耕地面积之百分比，或当在 20％以上。表 2－6 所列为 20％似尚相近，表 2－7 则仅有 11.5％，其估计过低可无疑义。故该表所示东南区之平均数，亦不免失之过低。

综上述所述观之，表 2－7 所估计之总计数（10.3％），当失之过低，表 2－6 所示总计数（15.4％）虽较高，而其所依据之资料颇旧，恐与现在的事实，稍有不符。且两表所示之耕地面积，园圃尚未在内。故中国耕地面积对于总面积之百分比，其总计数决不如表 2－6 及表 2－7 所示之少，可以断言。

更进而就中国及外国每人平均摊得之耕地面积比较之。如前所述，表 2－6 及表 2－7 所示之耕地面积，即失之低，则两表所示之每人平均亩数，亦当失之过少，本难认为确数。但从大体上观察之，可得其梗概。先就表 2－8 观之，每人平均摊得亩数，加拿大最大（41 亩强），澳大利亚次之（30 亩强），美复次之（19 亩），其余比 10 亩稍多者，为匈、丹、西诸国，在 5 亩与 10 亩之间者，为瑞典、意、德、奥、爱尔兰自由邦、法、捷克、英领印度、新西兰诸国，其甚少焉者，为比（2.4 亩）、英、荷及瑞士（此三国均为 2 亩），日本最下，仅有 1.6 亩。以表 2－7 与之相较，中国每人平均亩数，黑龙江最大，而亦不过 12 亩强，东北区平均数（6.93 亩），比、意、德、奥稍多，而仅足与捷克相伯仲。西北区尚不及 5 亩，北方平原，更不逮焉（3.29亩）。西南区（2.57亩）则仅较比利时稍多，长江下游（2.16亩），与英、荷及瑞士相近，东南区（1.72亩）乃几下等于日本。就表2-6比较之，虽其间稍有差违，而亦大致相同。由此就人口与耕地之关系上论之，足见中国人口密度之较大，与耕地面积之较小，并可见中国粮食问题之至为重要。

以上所述就，中国已耕地而言之耳，至可耕地而尚未耕者，究有若干？此亦与粮食生产之将来，大有关系，似应论及之。

中国荒地面积，亦无确数，而据内政部18年至20年间之调查（参阅民国22年《申报月刊》各省荒地面积数），江苏等21省荒地，已填报者，共有1 177 340 261亩，其中除山地及其他荒地外，属于平地者，1 115 411 209亩，属于泽地者，9 836 257亩。此等荒地，固不能于旦夕间，改为可耕地，而果能将水利工程，从速兴办，则其大部分，当可成为耕地。且据内政部之调查报告，已呈报者止有21省，其已呈报之省，未曾填报之县分甚多。故中国荒地面积，决不止此数，可以断言。据贝克（O. E. Baker）之估计：中国可耕地，约7万万英亩，美国可耕地，约占总面积之51%，中国之可耕地，可达总面积之29%。而现在在美国已耕地占可耕地之39%，中国已耕地，约占可耕地之26%，即18 000万英亩云。[①] 倘贝克之所说无误，则中国可耕地，应有46万万余亩，可耕而未耕之地，尚有约34万万亩，此估计数，诚未免过高。但据内政部之调查报告与贝克之所说，互相印证，中国可耕而未耕之地，或不下于20万万亩，亦未可知。果使政府能挟其全力，振兴垦务，则耕地当可大增，其增加面积，固不能悉以之栽培粮食作物，或放牧家畜，但粮食可以大增，决无疑义。果如是，则中国粮食问题，当可解决其一部。所难言者，耕地增加之速度，能否与人口增加之速度相副耳。

中国耕地之概况，即如上述。至粮食作物面积，占耕地面积之若干部分？亦为一重要问题。兹据《中国农业概况估计》表之如表2-9。

---

① O. E. Baker.《Foreign Affairs，Agriculture and the Future of China》第484～489页。

表 2 - 9

省区名称	粮食作物亩数		省区名称	粮食作物亩数	
	单位 1 000 亩	当作物总亩数之百分数（%）		单位 1 000 亩	当作物总亩数之百分数（%）
东北区	157 998	73	14. 河　南	126 172	81
1. 黑龙江	33 419	68	长江下游	326 762	80
2. 吉　林	42 699	66	15. 江　苏	115 780	62
3. 辽　宁	52 004	75	16. 安　徽	59 069	82
4. 热　河	15 142	88	17. 湖　北	71 432	86
5. 察哈尔	14 734	91	18. 湖　南	38 988	84
西北区	146 507	90	19. 江　西	41 493	82
6. 绥　远	16 096	94	西南区	156 448	86
7. 宁　夏	1 873	95	20. 四　川	106 281	86
8. 新　疆	11 179	90	21. 云　南	28 600	86
9. 甘　肃	22 447	93	22. 贵　州	21 567	86
10. 陕　西	34 651	84	东南区	127 696	91
11. 山　西	60 261	91	23. 浙　江	45 726	87
北方平原	335 766	79	24. 福　建	27 074	91
12. 河　北	101 680	83	25. 广　东	57 896	95
13. 山　东	107 914	73	各区总计	1 151 177	82

　　备考：原注云，粮食作物亩数，指每年专为种种粮食的面积，粮食作物，包括谷豆类及根芋类作物，黄豆菜子等，不专为供给粮食的作物不在内。

　　如前所述，表 2 - 7 所列耕地面积，估计过低，则表 2 - 9 所列粮食作物亩数，亦未必精确。但就粮食作物亩数对于作物总亩数之百分比观察之，已可见粮食作物面积在耕地面积之地位。据表 2 - 9 所示，各省粮食作物亩数，对于作物总亩数之百分比，在 90 以上者，有 8 省，在 80 以上者，有 12 省，在 70 以上者，有 2 省，共不及 70 者，惟吉黑两省。由是足见中国粮食作物栽培面积，在各种作物栽培面积中，占最重要之地位。兹更示世界各国谷类作物栽培面积对于耕地总面积之百分比于表 2 - 10，以资比较。

表 2 - 10[①] 各国谷物栽培面积（1929）

国　　别	千公顷	谷物面积对于耕地面积之百分率（%）	谷物面积对于总面积之百分率（%）
德　国	11 946	58. 0	25. 5
奥地利	1 107	57. 5	13. 2
比利时	720	58. 3	23. 7
保加利亚（Bulgaria）	2 469	71. 1	23. 9
丹　麦	1 321	51. 2	30. 8
西班牙	8 014	56. 0	15. 9
爱莎尼亚（Esthonia）	495	48. 0	11. 3
爱尔兰自由邦	330	21. 2	4. 8
芬　兰	829	37. 9	2. 4
法　国	10 924	48. 7	20. 1
英本国	2 230	43. 2	9. 8
北爱尔兰	130	26. 2	96. 0
希　腊	1 139	81. 8	8. 7
匈牙利	4 132	14. 2	44. 4
意大利	7 218	52. 7	23. 3
拉脱维亚（Latvia）	813	52. 1	13. 3
立陶宛	1 341	51. 1	24. 1
卢森堡（Luxemburg）	56	49. 6	21. 6
挪　威	175	22. 9	0. 6
荷　兰	439	41. 1	13. 4
波　兰	11 379	62. 8	29. 3
罗马尼亚	11 223	86. 3	38. 1
瑞　典	1 550	41. 7	3. 8
瑞　士	119	23. 5	2. 9
捷　克	3 659	59. 5	26. 1
南斯拉夫	5 728	78. 8	22. 2
加拿大	18 797	75. 6	2. 0
美　国	84 151	58. 5	10. 7
墨西哥	3 853	69. 9	2. 0

---

① 《International Year Book of Agricultural Statistics 1930》第 16 页。

（续）

国　别	千公顷	谷物面积对于耕地面积之百分率（%）	谷物面积对于总面积之百分率（%）
智　利	746	36.6	1.0
乌拉圭（Uruguay）	692	45.9	3.7
印　度（British Provinces）	63 531	50.6	23.5
印　度（Indian States）	14 468	45.2	26.6
日　本	4 968	82.3	13.0
阿尔及尼亚（Alhria）	3 254	52.6	1.5
埃　及	1 888	54.5	1.9
法属摩洛哥	2 291	66.8	5.5
突尼斯（Tunis）	1 279	43.7	10.2
南非联邦	2 453	64.8	2.0
澳大利亚	6 708	56.6	0.9
新西兰	145	18.5	0.5

表 2-10 只记谷类作物之栽培面积，尚未包括谷类以外之食用作物，固未足完全表示各国粮食作物之栽培面积。但即此以观，已足略觇粮食作物栽培之重要性。至各国间谷类作物栽培面积之百分比，大有差违者，则因其自然状况，经济状况，及农业发达之历史，互相悬殊，故至于此，未可一概而论耳。

表 2-9 所示之粮食作物亩数，非专指谷类作物而言，似难与表 2-10 比较，而在实际上，表 2-9 所谓粮食作物者，大都属于谷类。据《中国农业概况估计》第五表之说明计算之，谷类占作物总面积之 80.6%，即可了然。而返观表 2-10，各国谷类作物栽培面积，在 80% 以上者，为希腊、罗马尼亚及日本，在 70% 以上者，为保加利亚、匈牙利、南斯拉夫、加拿大，在 60% 以上者，为波兰、墨西哥、法属摩洛哥、南非联邦。其余在 50% 以上者，有 14 国，在 40% 以上者，亦不鲜，在 30% 以下者，仅有爱尔兰自由邦、北爱尔兰、挪威、瑞士，其最少者，为新西兰，只有 18.5%。以中国与世界各国相较，谷类作物栽培面积之百分比，虽不及罗马尼亚，而几与希腊及日本相等，比之其余诸国，皆超而上之。由是：可

见中国谷类作物栽培面积之百分率，在世界各国中为甚大。从农业经营上论之，中国农业偏于主谷式，诚有改良之必要，[①] 而从粮食问题上论之，此实由于历代政策，素以民食为重，农民亦概取自给主义，非一朝一夕之故也。顾中国粮食作物面积，既如是其广大，而最近十余年来，年年自外国输入大量之米、小麦及面粉者，伊何故软？核厥原因，固由于①耕地对于人口之比率颇小；②粮食作物之每亩产量不丰；③国民之主要食物偏于谷类，而此外尚有种种原因。后当再论之。

其次畜产之状况如何？与粮食问题，亦极有关系，不幸我国尚乏畜产统计，颇难察往以知来。而就大体上论之，我国畜产，向未发达，确为事实。左传云：肉食者鄙，足证古时非在位者概不食肉。其后佛教流行，蔬食之风，传播弥广，肉之需要即少，其生产自难促进。重以中国农业组织，素采用主谷式，饲畜与耕种，两不相兼，普通农家所饲养之牛、马、骡、驴等，专以之充役用，鸡、豚虽饲养较多，而尚非人人之常食品（蒙古人常食肉，自是例外）。近来物质文明，较前进步，以牛充肉用及乳用者，渐有所闻。然亦限于大都会近傍。盖中国畜牧业今尚甚幼稚也。至其将来如何？现虽未敢断言，而征之世界文明各国，从前之偏于植物性食物者，概渐趋于动物性食物，近来动物性食物之国际贸易额，遂以大增。观之前记表 2-5，1928—1930 年间，比之欧战前，牛酪（Butter）之国际贸易额，增 66%，乳饼（Cheese）增 44%，蛋及蛋产物增 38%，牛肉增 86%，羊肉增 12%，豚肉增 62%，其明证也。中国将来文明日进，国民生活程度渐高，肉用品、乳制品及蛋产品，需要必加多，畜牧业自随之增进，可无疑也。惟饲养家畜，以其产品充人间之食物，比之直接栽培作物，以供食用者，须有数倍之面积。现在中部及南部诸省，地狭人稠，恐放牧或栽培饲料作物之余地，已属无多，即使此等诸省，尚有荒地，开垦之以为发展畜产之用，亦恐于经济上未必有利。故中部及南部地方，纵奖励畜产之增殖，其前途总是有限。北方平原诸省，将来畜牧能发达至何程

---

① 许璇著《农业经济学》未刊本。

度？尚未可知。至东北西北及蒙古，则地广人稀，本为畜牧之天然区域，倘能自外国输入牛（肉用及乳用）羊（肉用及乳用）及豚之优良种类，繁殖之，或以之与土种交配，造成新种类，则将来交通发达，此等畜产品，不惟供给本国之食物，并可推广海外市场。即就国民健康上论之，其效果亦至伟大。此则讲求粮食问题，所宜注意及之也。

　　要而论之，中国耕地扩张之可能性颇多，粮食生产增加之可能性，亦复不少。但耕地之扩张，与粮食生产之增加，能达到如何程度？则此与政治问题、经济问题、社会问题及农业问题，均有至大关系，未敢预定也。

第三章　粮食自给问题

一国之粮食生产，能否足以自给？如不足自给，其不足之程度若何？在政治上，经济上，社会上，及农业上，均为极重要之一问题。顾欲检讨此问题，须将各种粮食之生产、消费、输出入，及其他种种关系，详细考察，始能解决之。顾中国今日，关于粮食之各种统计，尚未完备，只得从大体上略为论述。而中国之主要食物，为米、小麦及杂粮。米、小麦及杂粮，能否足以自给？或其不足之程度若何？如能明了，则粮食能否足以自给？或其不足之程度若何？即可推知其大概，而谋所以解决之方策。兹就此三者分论之。

第一节　米谷自给问题

现在中国米谷，不足以自给，几成为公认之事实。但其不足之程度若何？非详加研究不可。盖此与米谷自给问题，极有关系故也。也兹先就历年米谷之输出入状况，一观察之。

洋米入口，始于何时？清以前未知其详。自康熙 61 年（1722 年），清圣祖命输入暹罗米 30 万石，至广东、福建、宁波等处贩卖之。此为前清输入洋米之始。嗣是雍乾时代，奖励洋米进口，后遂视为恒例。然洋米来华之历史，虽如是其久远，而在前清，同光年间，输入之额，自今日观之，尚属无多。洋米进口，超过 1 000 万担者，只有光绪 21 年（1895 年）及 33 年（1907 年），900 万担以上者，只有 4 年，此外多者 700 余万担，少至 6 000 余担。盖自同治 6 年（1867 年）至光绪 12 年（1886 年）之 20 年间，除同治 12 年（1873 年）及光绪 3 年（1877 年），洋米进口，在百万担以上，其余各年，只有数十万担乃至 6 000 余担。足见当时中国民食虽或有短缺之征，而为数尚少。自光绪 13 年（1887 年）起，进口洋米，数量骤增。自是以后，以至清终，虽其间升降无常，而皆在 200 万担以上。且如前所述，有两次达于 1 000 万担以上。自入民国，其初渐次推进，至民国 5 年，达于 1 100 万担，旋复低落，至民国 10 年，又一跃而为 1 000 万担。嗣是继长增高，遂无再降于 1 000 万担以下之事。俯仰 60 余年间，洋米输入状况，诚有今昔沧桑之感。兹依据海关贸易册，以 6 年至 9 年（1867—1870 年）洋米进口之平均数为基数，就同治 10 年（1871 年）至民国 19 年之洋米进口数，计算每 5 年之平均数，各求其指数。再就最近三年，分别求其指数，以示同光以来洋米进口之趋势。

表 3-1　历年洋米进口状况

	平均数（担）	指　数
1867—1870（同治 6—9 年）	387 633	100
1871—1875（同治 10—光绪元年）	430 820	111
1876—1880（光绪 2—6 年）	440 824	113
1881—1885（光绪 7—11 年）	230 637	60
1886—1890（光绪 12—16 年）	4 288 099	1 106
1891—1895（光绪 17—21 年）	6 928 921	1 788
1896—1900（光绪 22—26 年）	5 947 215	1 534
1901—1905（光绪 23—31 年）	4 505 781	1 162
1906—1910（光绪 32—宣统 2 年）	7 479 112	1 929
1911—1915（宣统 3—民国 4 年）	5 733 683	1 479
1916—1920（民国 5—9 年）	6 213 346	1 603
1921—1925（民国 10—14 年）	15 610 613	4 027
1926—1930（民国 15—19 年）	16 632 519	4 290
1931（民国 20 年）	10 740 810[①]	2 771
1932（民国 21 年）	22 486 639[①]	5 801
1933（民国 22 年）	21 419 006[①]	5 526

附注：①系各该年进口数量。

　　由表 3-1 观之 1871—1875 年之洋米进口之平均数（担），较之 1867—1870 年之平均数，约增 11%，1876—1880 年之平均数，约增 13%，1881—1885 年，忽降而为 59.5%，自 1886—1890 年，骤升至 10

倍以上，1891—1895 年，又升至 17 倍强，嗣是迭有升降，而皆在十倍以
上，至 1921—1925 年之平均数，乃忽升至 40 倍，其次 5 年又略增，1931
年，虽降至 27 倍，而 1932 年，又升至 58 倍，去年[①]亦有 55 倍。是民国
10 年以后，洋米进口之猛进，了然明矣。

同光以来，洋米之进口状况，既如上述。顾华米之出口量若何？不可
不一察之。查海关贸易册，民元以来，华米之出口量，惟民 8 达于 100 万
担以上，民 9 有 31 万余担，其余多则有 8 万余担，少则不及 3 万担，普
通盘旋于 300 万～400 万担之间，以之与洋米进口量相较，真有天渊之感。
兹更示民元以来，米之输出入数及价值，并入超之数量及指数如表 3 - 2。

表 3 - 2

年　　次	入　　口		出　　口		入超（担）	入超指数
	担　　数	价值 （海关两）	担　　数	价值 （海关两）		
民元	2 700 391	11 680 462	37 051	123 001	2 663 340	100
民 2	5 414 896	18 383 719	84 428	23 007	5 330 469	200
民 3	6 774 266	21 843 253	27 939	83 096	6 746 327	253
民 4	8 476 058	23 336 328	22 263	73 554	8 453 795	317
民 5	2 284 023	33 789 045	22 515	80 143	11 203 880	421
民 6	9 837 182	29 584 093	37 912	130 266	9 799 270	367
民 7	6 984 025	22 776 933	33 281	116 088	6 950 744	261
民 8	1 809 749	8 300 291	1 227 692	5 144 656	582 057	22
民 9	1 151 752	5 362 455	311 824	1 058 768	837 918	21
民 10	10 629 245	41 220 998	34 714	132 997	10 594 532	398
民 11	19 156 182	79 874 788	45 117	222 111	19 111 065	718
民 12	22 434 962	98 198 591	63 089	337 292	22 371 873	839
民 13	13 198 054	63 248 771	41 935	226 818	13 156 119	494
民 14	12 634 624	61 041 505	35 260	209 736	12 599 354	473
民 15	18 700 797	89 844 423	29 139	203 627	18 671 658	701
民 16	21 091 586	107 323 244	86 286	547 905	21 005 300	789
民 17	12 656 254	65 039 232	29 769	191 406	12 626 485	475
民 18	10 822 855	58 891 045	28 453	184 182	10 794 402	407
民 19	19 891 103	121 234 193	27 431	227 994	19 863 673	746

---

① 1933 年。——编者注

（续）

年　　次	入　　口		出　　口		入超（担）	入超指数
	担　　数	价值（海关两）	担　　数	价值（海关两）		
民 20	10 740 810	64 375 851	30 207	233 917	10 710 603	402
民 21	22 486 639	119 232 931	36 060	186 848	22 450 579	843
民 22	21 419 006	77 340 151	103 661	352 388	21 315 345	800

备考：①入超指数以民国元年为基年。②22 年进口及出口金额系金单位。

中国米谷出口，向干例禁，其量之少不，不足深怪。而依表 3－1 观察之，可见洋米之进口状况，甚为不规则的。即民 10 以来，洋米进口之增加，甚为急速，较之民国初元，几有隔世之感。然统观 22 年间，洋米之进口数量，忽高忽低，鲜有秩序。此即可以证明每年洋米进口之数，非即为我国米的不足之数。何则：倘我国每年米之不足之数，恰如洋米进口之数，则自洋米进口以来，每年数量，当较有规则。如因人口增加，或需要增加，其输入亦应为渐进的，而今则事实上不如此也（参阅表 3－1）。然则洋米源源而来者，其原因果安在耶？试略述之：

一、历代民食政策之失当

前清康雍以来，政府对于洋米进口，不惟不加防遏，而且设法奖励。例如雍正 2 年（1724 年），暹米到粤，清世宗饬照粤省时价发卖，其压船随带货物，亦准免税。嗣暹米在厦门发卖，例应征税，而部议米谷不必上税，著为例，至于附带船货，自乾隆八年，分别酌免税银，其米照公平市价发粜，并设法令其售罄。乾隆 21 年，又议定广东、福建商民议叙之例，以奖励洋米之输运。咸丰 6 年，太平天国军占领长江流域，漕运中阻，北方民食，瓶罄是虞。梁同新奉请采买洋米以资接济，并以广东为洋米积聚之区。嗣是每值凶年，采买洋米，以资接济。于是终清之世，洋米进口之免税，遂视为定例矣。[①] 不宁惟是，中国虽素称农业国，而禁止谷类出

---

① 冯柳堂著《中国历代民食政策史》第 225 页至 232 页。

口，相沿已久。康熙时代，即禁米出洋，法令颇严。乾隆元年，更订定偷运来谷出洋之罚则，乾隆 60 年，复增订之，凡奸民将米、谷、豆、麦、杂粮，偷运外洋者，分别处以死刑及他罪。自与外国通商，米谷等粮，禁止出口。载在约章，如咸丰 8 年，中英通商章程第五款第三节之所载，即其明证。及辛丑和约成，英日相继要求米谷出洋，但格于吏议，卒未允行。[①] 由是：可知前清政府，既欢迎洋米进口，复禁止华米出口，冠履倒置，莫过于是，民国以来。沿袭旧例。查民国 19 年颁布之海关进口税则，米、谷、麦、玉蜀黍等，仍免进口税，与书籍，地图，报纸，杂志等同科，而禁止谷类出口亦如故。此即是奖励洋米进口，抑制华米出口之传统政策。自民国 21 年秋间，各省米价大跌，去年[②]麦价复下落，谷贱伤农之声，喧腾于世。政府始对于原禁运往外国之米谷、小麦等弛禁出洋，并于 1933 年 12 月 16 日，开征洋米、麦进口税。此实于我国民食政策上，划一新纪元，然已晚矣。我国米谷市场，开门揖盗，已数百年。欲一旦尽驱逐之，其可能乎？虽自米麦进口税开征以来，为时未久，其效果如何，尚难断言，而自前清以至去年[③]，洋米滔滔乎流入中国，则历代之民食政策，有以招致之，固无疑义也。

二、国内米谷流通之不自由

从前中国，不惟禁止米谷出口，即各省间亦有防谷令。且同一省内，甲县与乙县间，不许米谷流通，同一县内，甲乡与乙乡间，不免如此。虽有时暂为开禁，而所谓护照费、出省费等名目，重征累税，任意苛求，每石三四元不等。是名虽弛禁出境，而实则骚扰加甚。米商虽欲运米至他省，而成本即重，高其价则不易出售，平其价则亏累过大。于是米商视贩米为畏途，即或起运出境，而中途荆棘横生，货物能否运达到目的地？亦殊难料。盖厘金虽已裁撤，而变相的厘金，有加无已。重以交通机关，尚

---

① 冯柳堂著《中国历代民食政策史》第 233 页至 237 页。
②③ 1933 年——编者注

未发达，运输制度，缺陷尤多，甲省之米，输往乙省，其难不啻登天，洋米远道而来，转易如反掌。粤闽两省，素称缺米，而不食他省有余之米，偏食外国输入之米，其故可知也。[①] 近两年来，中央政府，虽迭令各省，准许米谷自由出境，而各省未实力奉行，米谷流通之停滞如故。去秋以来，各方报章，一面喊"洋米倾销"，一面喊"某省米谷过剩"，是即完全表示各省间米谷之交换，尚未流转自如。

洋米源源而来，其原因固涉多端，而如前所述，历代民食政策之失当，及国内米谷流通之不自由，实有以酿成之。至洋米进口数量，所以各年间大相悬殊者，则尚有特别原因。民国以来，虫害或水旱及兵灾，每隔数年，辄发生一次，或相继而至，以至多数省份，米粮告乏。虽某省米尚有余，而输运维转，转不如洋米之易于接济，其舍内图外，争乞灵于洋米者，势固宜然。例如民国21年，洋米进口，复达于2 000担以上，实因受民国20年中部诸省大水灾之影响。就平常年份而言。决不需洋米如此之多。若仅以1～2年之洋米进口量，推定中国缺米1 000担，或2 000担以上，是大误也。

更进而考察输入洋米之各港，何处为多？何处为少？以觇洋米之分布状况，并以知何省缺米之梗概，查海关贸易册，洋米进口之各港，在北部者以天津为最著，在南部者，以九龙为最著，而就北部诸港，中部诸港，及南部诸港，分别观之，洋米进口量，以南部诸港为最多。此种现象，民国初期，早已显著。兹示民国元年至民国3年各港洋米之进口量，并计算其分配之百分率如表3-3。

表3-3

洋米进口港别	民国元年		民国2年		民国3年	
	进口净数（担）	%	进口净数（担）	%	进口净数（担）	%
爱　珲	808	0.03	3 770	0.07	3 456	0.03
满洲里	159	0.01	88		513	0.01
绥芬河	16 730	0.62	8 380	0.15	7 946	0.11

---

① 许璇著《米价问题与米谷关税浙大农学讲演集第一辑》第29页。

（续）

洋 米 进口 港 别	民 国 元 年		民 国 2 年		民 国 3 年	
	进口净数（担）	%	进口净数（担）	%	进口净数（担）	%
珲 春	826	0.03	454	0.01	1 084	0.02
龙井村	1 147	0.04	1 332	0.02	1 753	0.03
安 东	58 353	2.16	59 222	1.09	88 596	1.30
大 连	237 129	8.78	229 886	4.25	353 648	5.21
牛 庄	5 782	0.21	88 340	1.63	15 175	0.22
秦皇岛			813	0.02	1 017	0.01
天 津	25 130	0.93	308 881	5.71	390 446	5.75
烟 台	3 145	0.12	33 578	0.62	27 823	0.41
胶 州	700	0.03	23 844	0.44		
长 沙					4	
上 海			245		716	0.01
宁 波			16 767	0.31	3 783	0.06
福 州	8		155 064	2.87	13 582	0.20
厦 门	345 453	12.79	399 980	7.39	254 282	3.74
汕 头	165 542	6.13	99 942	1.85	46 322	0.68
广 州	57 249	2.12	366 699	6.78	157 471	2.32
九 龙	1 349 512	49.98	2 805 329	51.84	4 303 386	63.37
九龙（广九铁路）	2 457	0.09	92		3	
拱 北	374 400	13.87	382 402	7.07	781 599	11.51
江 门	37 542	1.39	193 220	3.57	91 787	1.35
三 水	478	0.02	304	0.01	3 387	0.05
梧 州			9 259	0.17	12 618	0.19
琼 州	15 726	0.58	79 600	1.47	19 365	0.29
北 海	17		522	0.01	7 102	0.10
龙 州	327	0.01	1 992	0.04	4 489	0.07
蒙 自	1 654	0.06	141 934	2.62	199 347	2.94
总 计	2 700 274	100	511 939	100	6 790 700	100

依表 3-3，就北部中部及南部诸港观之，北部诸港（爱珲、满洲里、绥芬河、珲春、龙井村、安东、大连、牛庄、秦皇岛、天津、烟台、胶

州）之洋来进口数量。民国元年，以大连为最多，2 年及民国 3 年，以天津为最多，然仅有二三十万担。其余诸港，多则数万担，少则数百担，或数十万担。中部诸港，民元至民 3，见于海关贸易册者，惟有上海、宁波、长沙。民国元年，此三港洋米均无进口，民国 2 年，宁波有 16 000 余担，上海仅有 245 担，民国 3 年，宁波减为 3 700 余担，上海虽稍增，而亦不过 700 余担。南方诸港，则情形迥殊。其中进口数量，有达于数百万担者，如九龙是也。更据表 3－3 所示各港之分配百分率，将北部中部及南部分别合计之，北部诸港，之合计数，民国元年为 12.96%，民国 2 年为 14.01%，民国 3 年为 13.12%。中部诸港之合计数，民国 2 年及民国 3 年，仅有 0.31% 及 0.07%。南部诸港之合计数，则元年为 87.04%，民国 2 年为 85.69%，民国 3 年为 86.8%。即民元至民 3 间，洋米之大部分，从南部诸港进口，北部诸港，进口无多，中部更微不足道。可见民国初期，中部诸省，米足以自给，南部诸省，早已缺米，尤以粤省为最著。北部诸省，食米者少，洋米进口量之百分比不大，盖意中事也。

　　民 10 以还，情形渐异，各港洋米进口之分配比例，颇有变迁。就中部诸港而言，上海自民国 2 年至民国 10 年间，洋米进口，少则数百担，多则不过 32 000 余担，至 11 年，忽增至 160 余万担。自是以后，虽迭有升降，而达于数百万担者常有之，19 年且有 700 余万担。宁波自民国 2 年至民国 10 年间，洋米进口，非年年有之，其有进口时，至多不过 14 万余担（民 4）。至民国 11 年，增至 92 万余担，12 年，更增至 100 万余担，其后虽变迁无定，而达于 100 万担以上者，常有之。民国 19 年且有 230 余万担。此外如杭州、温州，自民国 10 年起，始有洋米进口，芜湖、镇江、汉口，自民国 11 年起，始有洋米进口。盖自民 10 以还，中部诸港，洋米进口，发展颇速，与民国初期，迥不相侔矣。北方诸港，在民国初期，本以天津、大连、安东、牛庄，为洋米进口之要区。而自民 10 以还，情势稍殊。即自民国 11 年起，大连、安东、牛庄，洋米进口渐减，而天津自民元至民 10 间，洋米进口，至多不过 59 万余担（民 10），至 11 年，达于 110 万担，以后概在 100 万担以上。南方诸港，民 10 以还，虽亦稍有变迁，而洋米进口，则占优势如故也。兹再示民国 16 年至 20 年间，各港洋米之进口数量，及其分配百分率如表 3-4，以资比较。

表 3-4

洋米进口港别	民国 16 年		民国 17 年		民国 18 年		民国 19 年		民国 20 年	
	进口净数（担）	%	进口净数（担）	%	进口净数（担）	%	进口净数（担）	%	进口净数（担）	%
哈尔滨			98		53					
珲　春	50		86		225				73	
龙井村	47		65		276		28		23	
安　东	6 818	0.03	4 106	0.03	4 429	0.04	3 336	0.02	1 028	0.01
大　连	201 506	0.96	175 647	1.39	170 831	1.58	326 951	1.64	274 317	2.98
牛　庄	8 379	0.04	22 786	0.18	18 456	0.17	37 060	0.19	3 814	0.04
秦皇岛	1 179	0.01			4 697	0.04	8 317	0.04	2 671	0.03
天　津	1 784 520	8.47	1 468.147	2.62	1 056 279	9.76	1 141.915	5.73	1 297.331	14.09
龙　口	6 990	0.03	3 490	0.03	10 742	0.10	11 995	0.06	7 004	0.08
烟　台	208 634	0.99	118 206	0.94	76 422	0.71	114 790	0.58	105 893	1.15
胶　州	129 324	0.61	133 567	1.06	167 986	1.55	120 297	0.60	148 499	1.61
重　庆					14		26		69 091	0.75
沙　市	52						12 171	0.06		
汉　口	11 662	0.06	668	0.01	3 517	0.03	330 388	1.66	146 981	1.60
九　江			14				161 518	0.81	840	0.01
南　京			140		134		496 438	2.49	49 452	0.54
镇　江			55		1 203	0.01	425 275	2.13	672	0.01
上　海	5 006 222	23.76	116 292	0.92	492 073	4.55	7 138 406	35.83	837 083	9.09
杭　州	277 532	1.32			6 511	0.06	974 120	4.89		
宁　波	1 238 225	5.86	411 769	3.26	702 600	6.49	2 362.518	11.86	232 861	2.53
温　州	34 886	0.17	330		55 474	0.51	333 058	1.67		
三都澳			157							
福　州	381 111	1.86	55 960	0.44	17 082	0.16	21 634	0.11	36 270	0.39
九　龙	5 048.983	23.96	4 605.454	36.44	3 719.838	34.38	2 611.191	13.11	2 440.152	26.49
九龙（广九铁路）	80 228	0.38	80 717	0.64	45 811	0.42	21 757	0.11		
拱　北	1 056 062	5.01	1 178.193	9.32	1 216 542	11.24	495 640	2.49	672 349	7.30
江　门	805 468	3.82	681 840	5.40	434 326	4.05	303 394	1.52	508 492	5.52

（续）

洋米进口港别	民国 16 年		民国 17 年		民国 18 年		民国 19 年		民国 20 年	
	进口净数（担）	%	进口净数（担）	%	进口净数（担）	%	进口净数（担）	%	进口净数（担）	%
三　　水	380 052	1.72	596 742	4.72	288 294	2.66	78 941	0.40	251 181	2.73
梧　　州			58 630	0.46	38 138	0.35	18		511	0.01
琼　　州	114 712	0.54	74 895	0.59	109 460	1.01	49 218	0.25	259 083	2.81
北　　海	2 787	0.01	12 515	0.10	6 660	0.06			13 519	0.24
龙　　州	288		5 934	0.05	370				382	
蒙　　自	1 873	0.01	40 370	0.32	110 753	1.02				
厦　　门	724 892	3.44	631 492	5.00	528 539	4.88	590 967	2.97	478 891	5.20
汕　　头	1 842 553	8.75	1 528.755	12.10	1 195.477	11.05	1 397.872	7.02	1 102.975	11.97
广　　州	1 704 285	8.09	629 830	4.98	337 738	3.12	159 788	0.80	190 295	2.07
爱　　珲							26			
威 海 卫							9 436	0.05	35 719	0.39
万　　县									32 421	0.35
宜　　昌							2 174	0.01	67	
长　　沙									242	
岳　　州									3 360	0.04
芜　　湖							180 509	0.91	1 344	0.01
苏　　州							504			
总　　计	21 069 330	100	2 636.950	100	10 820.950	100	19 921 918	100	9 213 643	100

依表 3-4，就北方诸港观之，洋米进口，天津最多。民国 16 年，在中国总进口量中，占 8.47%，民国 17 年，占 11.62%，民国 18 年占 9.76%，民国 19 年占 5.73%，民国 20 年占 14.09%。大连民国 20 年，占 2.98%，其余三年，各约占 1% 左右。此外诸港，虽互相有悬殊，而各年皆不及 1%。就中部各港观之，上海洋米进口之增减最剧。民国 16 年为 23.76%，民国 17 年为 0.92%，民国 18 年为 4.55%，民国 19 年为 35.83%，20 年为 9.09%，其变化之大，颇足惊人。上海洋米进口之百分率，固视北部及南部进口之百分率之大小，而随以变迁，但其各年间相差如此之巨，诚为最可注意之事。就南部诸港观之，九龙当居首位。他如拱北、江门、厦门、汕头、广州所占百分率，亦不为少。由是：足见南部诸

港洋米进口之情形，比之北部及中部诸港，较为稳定。再将北部、中部及南部诸港之百分率，分别合计之。北部诸港之合计数，民国 16 年，占 11.24％，民国 17 年，占 15.25％，民国 18 年，占 14.95％，民国 19 年，占 8.91％，民国 20 年占 20.38％。中部诸港之合计数，民国 16 年占 31.19％，民国 17 年占 4.19％，民国 18 年占 11.65％，民国 19 年占 61.4％，民国 20 年中 14.53％。南部诸港之合计数，民国 16 年占 57.59％，民国 17 年占 80.36％，民国 18 年占 73.80％，民国 19 年占 28.78％，民国 20 年占 63.72％。由是观之，北部诸港，变化较少，此因北部诸省，本以小麦及杂粮为主食。虽近来食米之风，较前为盛，而其需要量究属无多，其受米谷丰歉之影响亦较轻。故洋米进口量，虽年各不同，而非如中部之变迁剧烈。中部诸港，与南部诸港之百分率，所以变化甚大者，此非因南部诸港洋米进口之减少，乃因中部诸港洋米之增加。故百分率之配上，大有移动耳。试据表 3－4，就中部与南部诸港观之，九龙进口量，民国 16 年为 500 余万担，民国 17 年仅有 460 万担，江门民国 16 年进口量为 80 余万担，民国 17 年仅有 68 万担，厦门、福州、琼州、汕头、广州民国 16 年之洋米进口量，亦均较民国 17 年为多。而从进口之百分率观察之，南方诸港之百分率，民国 16 年反较民国 17 年遥低。盖因上海民国 16 年进口量，有 500 余万担，民国 17 年仅有 11 万担，宁波民国 16 年，有 120 余万担，民国 17 年仅有 41 万担。此两年间相差之数，过于南方诸港远甚。故中部诸港之合计数，民国 16 年为 31.19％，民国 17 年降而为 4.19％。南部诸港之合计数，民国 16 年为 57.59％，民国 17 年升至 80.36％。至民国 19 年，南部诸港百分率大减者，固由于南部诸港进口量之缩少，而亦因中部诸港进口量之昂进。即上海增至 713 万担，宁波增至 236 万担，均为民元以来之新纪录，其明证也。但宁波在全国之米输入港中，地位尚轻，而上海关系颇大。中部诸港与南部诸港之进口量，百分率互为消长者，实以上海为枢纽。上海之百分率大增。则南部诸港之百分率大减，上海之百分率大减，则南部诸港之百分率大增。但南方诸港，虽年有增减，而其差较小，上海则变动无常，其差甚大。此何故钦？盖上海所消费之米，概自中部诸省运来。若中部诸省稻谷丰熟，而又交通无阻，则上海可毋庸仰给于洋米。否则上海人口众多，附近各县之米，不足以供之，势不得不输入洋米，以应急需。例如民国 16 年，上海进口量，有 23.76％者，因民国 15 年以来，北伐兴师，湘、鄂、赣、皖诸省，戎马蹂躏，交通多阻，中部诸省之米，不易运至上海。民国 19 年有 35.83％者，则因民国 18 年中部诸省多歉收，江浙凶荒尤甚。故民国 19 年进口量特多。民国 21 年因承民国 20 年中部诸省大灾之后，上海是年米之进口，亦达于 384 万担。此皆为特殊情形所致。若就平常年份而言，则上海实无输入洋米之必要，即有之，其数亦属无多。例如民国 17 年，上海进口量之百分率，为 0.92％，民国 18 年为 4.55％是也。由是可见中部诸省，米足以自给。浙江如宁波、杭州，近来颇有缺米之征，然若浙东与浙西之米，能流转自如，互相调剂，则浙江虽有时缺米，而其数尚不甚多。故中部诸省，在平常年份，虽不输入洋米，决无饿死之虞。所虑者，凶年屡至，各省防谷之令，及其他障碍，又未彻底删除耳。南部诸省，则与中部诸省，大殊其趣。就表 3-3 观之，民元至民 3 间。南部诸港之洋米进口量，概为 86％左右，即洋米几为其所独占。更就表 3-4 观之，除民国 19 年外，多则达于 80％以上（民国 17 年），少有 57.59％（民国 16 年）。是洋米之大部分，仍销售于南部诸港也。再就南部诸港分析之，九龙、拱北、江门、三水、琼州、汕头、广州均隶于广东。此等诸港，虽互有悬殊，而其进口量之合计，实占南部诸港之大部分。即仅就九龙而言，民元至民 3 间，进口量多则达于 63.37％（民 3），少亦有 49.98％（民元）。近年虽受南部其他诸港进口增加之影响，其百分率大减，然据表 3-4 观之，除民国 19 年外，多则达于 36.44％（民国 17 年），少亦有 26.48％（民国 20 年）。且广东诸港，各年之进口量，较有秩序，不如上海之忽高忽低，相差甚大。由是可见广东确为缺米省份。厦门之百分率虽不大，而自从民元以来，各年进口量，颇为稳定，福建亦为缺米省份，决无疑义。

　　要而论之，北部诸省，米之地位尚甚轻，自当别论。中部诸省，若天灾不生，兵祸不作，各省之米，又能流通自由，互相调剂，则不惟足以自给，且有余粮，可供给北部或南部诸省。至粤闽则不论年之丰凶，常患米之不足。故就平常年份而言，中国缺米省份，实为少数。

洋米之输入状况，上既述之。至于中国米之生产额若干？消费额若干？及其在世界米的生产及消费上之地位如何？不可不一一检讨之。兹先示世界各国（地区）之稻作面积及米生产额于表3-5。

表3-5　世界各国（地区）稻作面积及米生产额[①]

国家/地区	面积（1 000英亩）				生产额（百万磅）			
	1921—1923至1925—1926平均	1930—1931	1931—1932	1932—1933	1921—1923至1925—1926平均	1930—1931	1931—1932	1932—1933
北半球								
美　国	921	961	978	869	990	1 248	1 278	1 083
墨西哥	95	90	88		77	102	98	
夏威夷	3				18			
中南美及西印度								
Guatemala	6				3			
Falvador	13				17			
Costa Rica	18		5					
Colombia	42		21					
British Gniana	45	60	52		85			
Dutch Gniana			14		28			
Trinidad and Tobags	8	9	3		3			
欧　洲								
西班牙	115	120	113	118	376	425	362	433
葡萄牙	18	36	37		13	34		
意大利	316	361	359	335	729	885	901	894
南斯拉夫（Yugoslavia）	4	4			3	3		
保加利亚（Bulgaria）	11	17	14	13	14	24	19	22

[①]　《Year Book of Agriculture》1933，U. S. Dep. of Agri. 第405~466页。

（续）

国家/地区	面积（1 000 英亩）				生产额（百万磅）			
	1921—1923至1925—1926平均	1930—1931	1931—1932	1932—1933	1921—1923至1925—1926平均	1930—1931	1931—1932	1932—1933
法领西非洲								
Frendh Guinca	2 008				1 106			
French Senegal	119	74			65	44		
Upper Volta	44				6	6		
Sierra Leone	390	297			311	373		
埃　及	192	359	67	489	295	610	98	748
亚　洲								
印　度	81 400	82 706	84 260	82 026	70 270	72 124	73 893	68 667
Andaman and Nicobar	3				3			
British North Borneo	62	62	68		42	39		
Brunei	3				2			
法属印度	45				29			
日　本	7 705	7 938	7 962	7 976	18 107	21 009	17 346	18 905
朝　鲜	3 824	4 073	4 104	3 824	4 556	6 026	4 987	5 066
中国台湾	1 262	1 515	1 565		1 747	2 315	2 350	
中国东北	3	2			3	5		
法属印度支那	11 949	14 343	12 926		7 704	8 004	7 773	
暹　罗（Siam）	5 964	7 189	6 378		6 065	6 025	5 581	
马来联邦（Federated Malay S.）	194				124			
非联邦的马来（Unfdeerated Malay S.）	407				284			
海峡殖民地（Straits Settlements）	72				75			
菲律宾岛	4 229	4 425			2 744	3 064		
锡　兰	799				471			
南半球								
巴西（Brazil）	1 029				1 033	1 426		
阿根廷	16	12			19			
比属刚果（Belgian Congo）	27				6			

（续）

国家/地区	面积（1 000 英亩）				生产额（百万磅）			
	1921—1923 至 1925—1926 平均	1930—1931	1931—1932	1932—1933	1921—1923 至 1925—1926 平均	1930—1931	1931—1932	1932—1933
Madagascar	1 298	1 354	1 285		1 322	895	1 055	
Java and Madura	8 014	8 812	8 679	9 105	7 055	8 053	7 732	7 927
Fiji Islands	11				10			
总　　计					126 000	137 000	132 000	

备考：①初步的估计数（Preliminary）。

表 3-5 所示的数字，虽尚未完备，而即比以观，已可见①世界米产额总计，1930—1931 年与 1931—1932 年之平均数（1 345 亿磅）较之 1921—1922 年至 1925—1926 年之平均数，颇有增加。且据 1931 年美国农业年鉴之所载，世界各国（除中国外），1909—1910 年至 1913—1914 年间，米之产额数，为 109 亿磅，即最近世界米产额，比之欧战前增加更大。②亚洲 1930—1931 年及 1931—1932 年，米之产额平均数（1 155.68 亿磅），占世界总计之 85.9％，而中国尚未在内，数已如是之大，足见世界之生产，几为亚洲所独占。

至中国米之产额究有若干？估计者未能一致。据日本《米谷统计》之估计数，为三万万日石。改算为华石，约有 52 260 万石。[①] 再将前记世界各国 1930—1931 年及 1931—1932 年之平均数，改算为华石，约有 628 741 116 石。[②] 将此数与中国米之估计数相加，则全世界米之产额，约有 12 534 万石，中国米占世界全产额，约 43.4％。更据表 3-5，印度 1930—1931 年及 1931—1932 年之平均数，为 7 300 800 万磅，改算为华石，约有 375 677 665 石，即占全世界产额之 31.7％。是中国米在全世界产额中，首屈一指，了然明矣。惟中国产米区域颇广，丰歉无常。欲知平常年份之总产额，非涉长时期调查，恐难得其真相。前述估计数，仅为一种之概算，尚未可认

①　日本 1 石等于中国 1.742 1 石。

②　中国 1 石等于 197 磅。

为正确也。又据《中国农业概况估计》，25 省（广西、西康、青海未在内），籼、粳稻及糯稻，合计有 977 347 000 担，即 651 564 666 万石。此数若近似，则中国米之产额，几占全世界之半矣。惟此产额是否全为米或一部分为谷？该估计未切实声明，且此外尚有疑点，未敢征信耳。然中国米之总产额，虽难知其确数，而在世界产米国中，居第一位，当可无疑。

至于中国米之消费量，亦未确知，但为世界最大之米消费国，已为公认之事实（此点后当再论之）。

中国在世界中为米之最大生产国，亦为米之最大消费国，故米之生产，虽冠绝全球，而尚不足以充消费，因之为米输入国。但在世界之米输入国中是否亦居首位？征之米之国际贸易，自可了然。兹示之如表 3 - 6。

表 3 - 6　米之国际贸易 ［米粉（Flour），米片（Meal），碎米（Brocken Rice）含在内］[①]

国　　名	1925—1929（平均）		1928		1929		1930	
	输出 百万磅	输入 百万磅	输出 百万磅	输入 百万磅	输出 百万磅	输入 百万磅	输出 百万磅	输入 百万磅
主要输出国								
英属印度	4 888	224	4 024	553	4 600	194	5 862	160
印度支部	3 493		3 885		3 208		2 451	
暹　罗	3 101	1	3 289		2 514		2 281	
意 大 利	429	3	424	7	388	6	486	13
美　国	252	60	379	37	386	31	259	28
西 班 牙	115		131		86		115	
埃　及	103	59	168	31	163	36	112	26
Madagascar	41		25		16		14	
总　　计	12 423	347	12 325	628	11 361	267	11 572	227
主要输入国								
中　国	6	2 024	4	1 688	4	1 443	4	2 652
英属马来 (British Malaya)	623	1 960	659	2 091	545	2 027	490	2 106
荷属东印度	51	1 303	30	1 289	28	1 621	27	1 385
锡　兰		1 048		1 091		1 100		1 063

---

① 《Year Book of Agriculture》1993，U. S. Dep. of Agri. 第 467 页。

（续）

国　　名	1925—1929（平均）		1928		1929		1930	
	输出 百万磅	输入 百万磅	输出 百万磅	输入 百万磅	输出 百万磅	输入 百万磅	输出 百万磅	输入 百万磅
日　　本	14	961	9	623	8	401	97	397
德　　国	325	848	280	883	256	658	159	550
法　　国	169	532	256	631	217	562	190	534
古　　巴		461		514		453		443
荷　　兰	224	272	187	225	211	246	216	242
英　　国	16	269	15	280	13	258	14	254
菲律宾群岛	1	147	2	97	1	232	1	24
阿 根 廷		139		117		146		159
俄　　国		126		106	1	90	1	92
Manutius		129		141		121		114
捷　　克		112		116		107		98
比 利 时	4	91	4	102	5	87	1	105
总　　计	1 433	10 422	1 446	9 994	1 289	9 604	1 200	10 218

备考：法属印度支那，区别为东京（Tongking）、安南（Annam）、交趾支那（Cochinchina）、柬埔寨（Cambodin）及罗斯（Laos）之5地方。所谓法领印度支那之米，虽为产于此5地方之米总称，而普通大别之为2，自交趾支那及柬埔寨产出者，曰西贡米，（因其自西贡港）（Saigon）输出，故有此名。自东京地方产出者，曰东京米。盖此二者，足为法领印度支那米之代表也。安南虽为法领印度支那之一地方，而非其最著名产米之区。中国所称为西贡米者，实系交趾支那及柬埔寨所产。从前海关贸易册，列入安南，系编纂者之误会。印度输入之米，大部分为缅甸（Burma）所产之米，自仰光港（Rangoon）输出之。

据表3-7，就米输出国言之，印度居首位，印度支那及暹罗，顺次而下。此3国1925至1929年之平均数合计，占主输出国总额之92.4%。可见世界产米国中，尚有余粮，足以供给其他国者，以此3国为最大。中国所输入之洋米，大部分自此三国而来，职是故也。兹据海关贸易册，示洋米进口地区如表3-7。

表 3 - 7

进口地区	民国16年	%	民国17年	%	民国18年	%	民国19年	%	民国20年	%
中国香港	11 847 371 担	56.17	9 386 823 担	74.177	7 992 261 担	73.85	6 022 992 担	30.28	6 865 659 担	63.92
中国澳门	155 311	0.74	104 200	0.82	98 314	0.91	63 726	0.32	74 992	0.70
安　南	4 808 482	22.80	702 607	5.55	1 270.683	11.74	3 285.202	16.52	885 135	8.24

（续）

进口地区	民国 16 年	％	民国 17 年	％	民国 18 年	％	民国 19 年	％	民国 20 年	％
暹　罗	1 510 220	7.16	1 061.071	8.38	621 579	5.74	451 145	2.27	704 963	6.56
新加坡等处	61 002	0.241	107 726	0.82	8 303	0.076	1 956	0.009 8	170	0.0016
爪哇等处	106 357	0.504	86	0.000 6						
印　度	2 059 724	9.77	622 462	4.92	702 978	6.66	9 515.978	47.84	1 373 780	12.79
土波埃等处							2	0.000 01		
德　国	18	0.000 9	17	0.000 1						
义　国①	12	0.000 05	20	0.000 1	5	0.000 4	5	0.000 02	5	0.000 04
俄国太平洋各口			101	0.000 8	53	0.000 4	23	0.000 11		
朝　鲜	39.087	0.19	14 968	0.12	17 965	0.17	101 920	0.51	4 915	0.05
中国台湾	504 026	2.39	657 787	5.20	93 890	0.87	437 348	2.20	814 569	7.58
美国檀香山	2	0.000 09	36	0.0002					448	0.004 1
其　他	71	0.000 33							13 943	0.129
进口净数	21 091 586	100	12 656.254	100	10 822.805	100	19 891.103	100	10 740.810	100

由表 3-7 观之，米之输入地，除中国香港外，以印度、安南、暹罗为最著。日本、中国台湾米之输入，虽有时量亦不少（民国 17 年及民国 20 年），然日本米不足自给，其输入我国之米，大都供日侨之用。中国台湾米与粤闽两省，历史的关系颇深，且以地域接近，故其米进口自易。其余诸地，皆微不足道。中国香港虽似为洋米之最大来源，而在实际上，中国香港为米之转运地方，其从此地输入我国内地之米，大都为印度、安南、暹罗之产物，而成尤以自印度转运者为最多。征之表 3-7，自中国香港进口之米大增之年，即是印度进口之米大减之年，自中国香港进口之米大减之年，即是印度进口之米大增之年，可以了然。故谓洋米大部分，自此 3 地而来可也。

更据表 3-6，就主要输入国比较之，以中国及英属马来为最大。再统观此二者之输入额，1929 年英属马来稍大，1928 年英属马来虽较大，而就入超额计之，仍以中国为大。至 1925—1929 年平均数，中国大于马来，1930 年亦然。由此可见中国在米输入国中，亦居第一位。

综上所述，中国在世界中，为米之最大生产国，最大消费国，及最大

---

①　义国为当时意大利的简称。——编者注

输入国。故米在中国粮食问题上，其重要性可不言而喻。顾中国米之输入额虽大，而其对于生产额及消费额之比例，大小若何？不可不明。假令其比例颇大，则除改用他种粮食外，虽欲防制输入，亦不可能。若其比例不大或甚小，则米谷去自给之境界不远，设法以谋自给，当非难事。故此为米谷自给问题上之一要点。

中国米之生产额，既如前所述，尚难确言。但就输入额与生产额之关系观察之，不难得其大概。兹姑将中国米之生产额，少为估计，定为 5 万万石，以之与洋米之输入额相较。按前记表 3 - 2 计算，民国 10 年至民国 21 年，洋米入超之平均数，得16 162 917担，改算为石，得10 775 314石。再求其对于生产额之比例，约 2.2%。若将米之生产额，估计加多，则洋米入超数对于中国米生产额之%，当更少矣。

就米之消费额言之，中国为世界米之最大消费国，虽为公认之事实，而其确数，尚难断言。惟普通计算消费额，可就 1 年之生产额加入 1 年之入超额，与前年末之过存额，减去本年末之过存额，如是既可得全年消费额之概数。现在中国，每年米之过存额，无从估计，姑视之各年足以相抵，将前记生产估计数（5 万万石），与前记 12 年洋米入超平均数（10 775 314 石）相加应有510 775 314石，此即为米之消费额。再求入超平均数对于消费额之比例，则入超数占消费额之 2.1%。如此估计，似失之粗。然从实际上推算之，此数尚为相近。中国人口总数若干？日常食米者若干人？每人之一日消费量若干？虽皆难确言，而若假定人口总数，如表 1 - 5 所示（485 163 386 人），总人口中食米者占半数（总人口中食米人数，固未易确定，但苏、皖、赣、闽、越、湘、鄂、蜀、粤、桂、黔、滇诸省之人，概为食米，按表 1 - 5，就此等省份，计算人口数，有 292 580 268 人，已占总人口半数以上）。虽此省份，有一部分不食米者，而此等省份以外，亦有一部分食米者，彼此似足相杀。故假定我国全人口中，有半数食米者，当无大误，[①] 每人每年食米 2 石（此估计数较为普通），则中国食

---

① 许璇著《米价问题与米谷关税》第37页。

米之消费额，应为485 163 386石。依此计算所得结果，以之与前记米之生产额相较，似米尚有余额。但中国米之消费，非专限于饭用，每年耗于酿造及其他用途者，其数当不鲜。故前记米之消费额估计数，尚为相近。

要而论之，近十余年来，洋米滔滔乎流入中国，其数虽上乎巨额，而从全国生产额及消费额上比较之，其%实为微少。又如前所假定数中国食米之消费额，一年为485 163 386石，则1日应消费1 329 215石。以此数除前记洋米入超之平均数（10 775 314石），得8.1。即进口的洋米可供8日之粮，设无此洋米，所缺之米，亦不过8日之量耳。虽米之消费量，每年稍有悬殊，而即此以观，亦足知中国米之缺额，为数颇微。那须博士尝就日本内地，计算1926—1928年米之转移入超过额，以为占米消费额之14%以上。[①] 若以中国与之相较，则中国米即稍有不足，而其不足之程度，比之日本遥低矣。且如前所述，中国每年洋米之进口额，非恰如中国米不足之数，实际上米不足之数，对于生产额及消费额之%当更低。徜在平常年份，国内米谷流通，绝对自由，米或差足自给，亦未可知。即退一步而言，洋米每年之进口额，认为中国米不足之数，而其对于生产额及消费额之比例，亦不过2.2%及2.1%。故中国米谷自给问题，确有解决之可能性。至如何解决，后当再论。

第二节　小麦自给问题

麦类虽不止一种，而其与人间食物之关系最为密切，而又最为广泛者，莫如小麦。小麦与米谷大殊其趣。米谷之生产消费及国际贸易，其主要部分殆全在亚洲诸国，小麦则其生产与消费，通全世界而皆有关系。即就国际贸易而言，殆无一国不入其范围。1929年以来之农业恐慌，为世界经济恐慌之根源，谷类恐慌为农业恐慌之根源，而小麦恐慌实为谷麦恐

---

① 那须皓著《日本农业论》第312页。

慌之代表，故小麦问题（Wheat Problem），已成为全世界经济问题之
一。[1] 中国不能自处于世界经济圈外，将来小麦之需给关系，必大受世界
小麦市场之影响，欲讨论中国小麦自给问题，非审察世界各国小麦之需给
状况，及其他种种关系，恐有坐井观天之感。兹先示欧战前后世界小麦之
生产，概况如表 3-8。

表 3-8　世界小麦生产额[*][2]

	栽培面积		产　额	
	1 000 公顷	%	百万公担（Quintals）	%
1909—1913（平均）	109.5	100	1 029.6	100
1921—1925（平均）			1 018.7	99
1926	119.8	109	1 182.3	115
1927	123.8	113	1 191.2	116
1928	124.7	114	1 280.9	124
1929	126.8	116	1 129.0	110
1930			1 276.7	124

注：* 苏俄在内，中国不在内。

由表 3-8 观之，1921 至 1925 年间世界小麦之平均产额，较之欧战前
稍减。而自 1926 年以来，则大有增加矣。兹更示最近各国之栽培面积及
生产额于表 3-9，以供参考。

表 3-9　各国/地区小麦栽培面积及产额[3]

国家/地区	栽培面积（1 000 英亩）				产额 [1 000 蒲式耳（Bushels）]			
	1921—1922 至 1925—1926 平均	1929—1930	1930—1931	1931—1932	1921—1922 至 1925—1926 平均	1929—1930	1930—1931	1931—1932
北半球 北美 加拿大	22 083	25 255	24 898	26 115	366 483	304 520	420 672	304 144

[1]　League of Nations《The Agricultulral Crisis》第 22 页。
[2]　《The Agricural Crisis》第 24 页。
[3]　《Year Book of Agriculture in 1929—1933》第 58 页。

（续）

国家/地区	栽培面积（1 000英亩）				产额［1 000蒲式耳（Bushels）］			
	1921—1922至1925—1926平均	1929—1930	1930—1931	1931—1932	1921—1922至1925—1926平均	1929—1930	1930—1931	1931—1932
美　国	57 557	62 671	61 140	55 344	786 843	812 573	857 427	900 219
墨西哥	2 098	1 293	1 216	1 501	10 388	11 333	11 446	16 226
Gnatemala	24	18	23		222	187	186	473
欧　洲								
英本国								
英格兰及威尔斯	1 716	1 330	1 346	1 197	58 800	47 451	39 960	35 896
苏格兰	57	51	54	50	2 251	2 165	2 128	1 792
北爱尔兰	6	4	5	3	185	142	171	106
爱尔兰自由邦	34	29	27	21	1 131	1 184	1 092	781
挪　威	27	30	30	29	637	750	720	592
瑞　典	352	574	647	683	10 602	19 011	20 819	18 048
丹　麦	202	260	249	259	8 973	11 772	10 216	10 053
荷　兰	147	112	142	192	6 262	5 467	6 055	6 761
比利时	339	256	411	381	13 194	13 225	13 236	13 817
Luxemburg	23	21	25	23	392	275	442	407
法　国	13 507	13 336	13 279	12 840	290 774	337 252	228 105	264 117
西班牙	10 457	10 622	11 133	11 245	142 420	154 245	146 700	134 427
葡萄牙	1 078	1 075	1 120	1 271	11 103	10 636	13 816	12 999
意大利	11 575	11 794	11 917	11 884	198 307	260 125	210 071	244 784
瑞　士	112	134	134	134	3 457	4 372	3 601	4 361
德　国	3 613	3 955	4 401	5 355	98 714	123 062	138 217	155 546
奥　国	456	515	508	517	8 400	11 559	12 008	11 009
捷　克	1 526	2 017	1 965	2 060	36 015	52 902	50 606	41 232
匈牙利	3 345	3 708	4 187	4 011	59 678	74 985	84 339	72 550
南斯拉夫	3 953	5 213	5 246	5 395	58 753	94 999	80 326	98 789
希　腊	1 075	1 237	1 432	1 496	9 417	11 434	9 709	11 228
保加利亚	2 390	2 662	3 006	2 831	31 399	33 195	57 317	61 195
罗马尼亚	7 068	6 764	7 551	8 566	89 570	99 753	130 771	135 300
波　兰	2 957	3 526	4 066	4 495	48 708	65 862	82 321	83 220

（续）

国家/地区	栽培面积（1 000 英亩）				产额［1 000 蒲式耳（Bushels）］			
	1921—1922 至 1925—1926 平均	1929—1930	1930—1931	1931—1932	1921—1922 至 1925—1926 平均	1929—1930	1930—1931	1931—1932
立 陶 宛	214	488	526	478	3 563	9 329	11 327	8 340
拉脱维克	819	145	179	215	1 426	2 336	4 062	3 388
爱莎尼亚	47	82	90	99	667	1 260	1 635	1 736
芬 兰	36	34	51	47	739	764	1 210	1 161
苏 俄	43 128	73 457	80 490	92 070	424 233	693 634	989 161	
欧洲总计（苏俄不在内）	66 400	70 100	73 700	75 800	1 196 000	1 450 000	1 362 000	1 434 000
非 洲								
摩 洛 哥	2 272	3 011	2 957	2 537	21 758	31 764	21 302	29 783
阿尔及尼亚	3 406	4 795	4 028	3 640	26 716	33 307	32 442	25 649
突 尼 斯	1 400	1 732	1 903	1 977	7 892	12 309	10 398	13 963
埃 及	1 462	1 614	1 522	1 649	36 806	45 228	39 753	46 073
亚 洲								
土 耳 其	7 058	6 355	6 101	7 706	39 510	99 900	91 322	110 230
印 度	29 560	31 973	31 654	32 189	336 296	320 731	390 843	347 387
日 本	1 197	1 213	1 204	1 228	26 899	20 496	29 537	30 892
朝 鲜	882	874	848	817	10 208	8 320	8 995	8 341
中国台湾	7	1	1		64	13	13	
中国东北	4	3	3		47	35	46	
亚洲总计（苏俄及除中国台湾、中国东北外的中国内地不在内）	38 600	42 400	42 000	44 100	437 000	491 000	555 000	525 000
北半球总计（苏俄及除中国台湾、中国东北外的中国内地不在内）	195 500	212 000	213 600	212 800	2 891 000	3 194 000	3 312 000	3 297 000

（续）

国家/地区	栽培面积（1 000 英亩）				产额［1 000 蒲式耳（Bushels）］			
	1921—1922 至 1925—1926 平均	1929—1930	1930—1931	1931—1932	1921—1922 至 1925—1926 平均	1929—1930	1930—1931	1931—1932
南半球								
智　利	1 446	1 725	1 610	1 517	25 761	33 529	21 190	21 187
乌拉圭	867	1 097	864	1 080	9 680	13 157	7 369	11 259
阿根廷	16 932	15 903	19 675	102 028	203 388	162 576	232 285	219 698
南非联邦	868	1 152	1 137	1 723	7 457	10 626	9 297	14 122
澳大利亚	10 010	14 977	18 165	14 725	128 520	126 885	213 594	189 653
新西兰	224	236	249	269	6 640	7 240	7 579	6 583
南半球总计	31 000	40 700	44 200	37 400	390 000	367 000	501 000	474 000
世界各国总计（苏俄及除中国台湾、中国东北外的中国内地不在内）	226 500	252 700	257 800	350 200	3 281 000	3 561 000	3 812 000	3 771 000

据表 3-9，可窥见多数之事实。即①世界小麦之栽培面积及生产额（俄国及除中国台湾、中国东北外的中国内地不在内），1929—1930 年，较之 1921—1922 至 1925—1926 年，颇有增加，1930—1931 年更增，至1931—1932 年则稍减。②就北美而言，1931—1932 年，加拿大栽培面积增加，而产额减少，美国栽培面积减少，而产生额增加。③就欧洲而言，除英法外，大多数之国，栽培面积及产额俱增，而德国增加颇大，俄国增加尤速。此为最可注意之事。④非洲如摩洛哥阿尔及尼亚栽培面积及产额，各有增加之倾向。⑤亚洲，印度栽培面积增加颇著，产额则动摇不定，日本内地无甚变化。⑥南半球如阿根廷 1930—1931 年，栽培面积大增，1931—1932 年则减少，尚不及 1921—1922 至 1925—1926 年之平均数，产额亦有同一之现象，澳大利亚增减之倾向，与阿根廷略相似。由此等事实观之，亦可略觇世界各国小麦生产状况之变迁矣。

如上所述，世界小麦之生产状况，虽因国而殊，而从大体上观之，其增加之趋势颇著。然因小麦之消费，不足以副之（参阅表 2-3），遂致滞货益多。示之如表 3-10。

表 3-10　小麦滞货统计（计算时期为八月一日包括面粉在内）①

单位：百万法吨（Metric Tons）

	1926	1927	1928	1929	1930	1931	1932
美　　国	2.60	3.54	3.94	7.06	8.13	9.05	10.63
加 拿 大	1.09	1.52	2.48	3.48	3.47	3.82	3.69
阿 根 廷	1.30	1.34	1.86	2.77	0.97	1.63	1.07
澳大利亚	0.33	0.75	0.73	0.79	1.06	1.30	0.89
海运中小麦量（Quantities in Transit by Sea）	1.05	1.25	1.22	1.02	1.07	1.05	0.85
总　　计	6.37	8.40	10.23	15.12	14.70	16.83	17.13

近数年来，世界小麦之滞货，既如表 3-10 所示，有与年俱进之势，而世界市场之小麦价格，遂以大落。兹示主要输出国小麦价格之变迁状况于表 3-11。

表 3-11　小麦价格之指数② （1927—1928＝100）

	Manitoba No. 1 at Winnipeg	Hard Winter No. 2. at Chicago	Barletta at Buenos Aires	Australia at Liverpool and London
1927—1928	100.0	100.0	100.0	100.0
1928—1929	84.7	86.5	83.0	87.7
1929—1930	84.8	83.4	83.5	83.3
1930—1931 上半年	47.3	58.7	53.3	55.6
1930—1931 下半年	40.2	54.7	37.3	42.3
1931—1932 上半年	36.0	39.9	33.1	38.5
1931—1932 下半年	36.5	39.8	35.0	37.9

据表 3-11，可以知小麦价格之崩落情形矣。然此第就小麦输出国而言耳，顾小麦输入国则如何？就欧洲而言，小麦输入国，有保留自由市场（Free Market）者，如 1933 年前之英国是。有采用保护政策，以防遏外

---

①　《The Agricultural Situation in 1931—1932》第 56 页。

②　Ibid（Ibid 为同前、同上的意思，下同。——编者注），第 57 页。

国小麦之侵入，维持国产小麦（Home-grown Wheat）之价格者，如德、法、意是。前者小麦价格之下落，大致与主要输出国相近，后者则因保证政策之作用，小麦之价格较高。兹示德、法、意国产小麦之价格如表 3 - 12，以资比较。

表 3 - 12　德法意三国小麦价格之指数[①]

	德国产小麦在柏林之价格指数	法国产小麦在巴黎之价格指数	意大利产小麦在米兰之价格指数
1927—1928	100.0	100.0	100.0
1928—1929	88.2	96.0	98.4
1929—1930	102.6	86.1	98.4
1930—1931 上半年	99.2	104.4	85.9
1930—1931 下半年	110.9	111.9	77.8
1931—1932 上半年	87.4	101.3	72.2
1931—1932 下半年	102.6	105.2	83.7

由表 3 - 12 观之，德、法、意三国，小麦价格之变迁，虽互有共同，而比之表 3 - 11 所示，小麦价格之惨落情形，迥不相侔。于以知此三国受小麦输出国价格移动（The Movement of Price in Exporting Countries）之影响较少，并以知保护政策之有效。

其次有最足令人注意者，欧战以后，小麦输出国，在国际贸易上之地位，大生变动是也。即在欧战前，俄、美、加拿大及阿根廷，为世界著名之小麦输出国，而以俄国为最大输出者。他若罗马尼亚、英领印度、澳大利亚、匈牙利等，在输出贸易上之地位，亦颇为重要。自欧战发生后，俄国之小麦输出停止，欧洲之小麦输入国，概仰给于美、加拿大、阿根廷及澳大利亚，此四国，因欧洲之需要增加，促进小麦生产之机械化（Mechanization of Wheat Productions），不惟战时如此，即在战后数年间，亦复有同一之现象。于是此四国在小麦之国际贸易上，遂握霸权矣。兹表示欧战前后小麦输出国之地位变迁如表 3 - 13。

---

① 《The Agricultural Situation in 1931—1932》第 57 页。

表 3 - 13　主要小麦输出国国际贸易的地位之变迁①

| 1909—1914　平均 | | | 1924—1929　平均 | | |
| 净输出 | | | 净输出 | | |
位　　次	百万蒲式耳	百 分 率	位　　次	百万蒲式耳	百 分 率
俄　　国	164.5	24.5	加拿大	309.5	38.8
美　　国	110.0	16.4	美　　国	178.5	22.4
多瑙河诸国	109.0	16.2	阿根廷	154.6	19.4
加拿大	95.6	14.2	澳大利亚	96.6	12.1
阿根廷	84.7	12.6	多瑙河诸国	36.7	4.6
澳大利亚	55.2	8.2	俄　　国	12.8	1.6
印　　度	49.8	7.5	印　　度	8.3	1.1
智　　利	2.4	6.4			
总　　计	671.2	100	总计	797.0	100

由表 3 - 13 观之，1909—1914 年间，小麦之国际贸易上，俄占首位，至 1924—1929 年间，落于第六位矣。加拿大、阿根廷、澳大利亚，本居第四位至第六位。今则加拿大一跃而夺首席，阿根廷及澳大利亚，亦升至第三位及第四位，美则尚保持原位也。然此就 1930 年以前而论之耳。最近数年间，小麦之国际贸易上，形势又一变矣。盖自 1930 年，俄国小麦，复活活跃于世界市场，欧洲小麦输入国，复多采取农业的国家主义（Agricultural Nationalism），而小麦之四大输出国，遂大受其影响。征之最近数年世界小麦输出额之变迁，即可知其大概。示之如表 3 - 14。

表 3 - 14　世界小麦输出额（包括面粉在内）②

单位：百万法吨（Metric Tons）

	1927—1928	1928—1929	1929—1930	1930—1931	1931—1932
加拿大	9.01	11.01	5.01	7.01	5.61
美　国	4.89	3.95	3.78	2.97	2.97
阿根廷	4.83	6.03	4.10	3.38	3.79
澳大利亚	1.89	2.91	1.66	4.10	4.19

① 《World Agriculture》第 15 页。
② 《The Agricultural Situation in 1931—1932》第 55 页。

（续）

	1927—1928	1928—1929	1929—1930	1930—1931	1931—1932
欧洲输出国	0.85	0.94	1.50	1.38	2.30
苏　俄	0.04		0.26	3.09	1.77
其他诸国	0.72	0.36	0.43	0.51	0.69
合　计	22.23	25.20	16.74	22.44	21.32

由表 3 - 14，就 1927—1928 年至 1931—1932 年间观之，加拿大输出减少，美国则逐年减少，阿根廷增减无常，而亦有减少之倾向。能此非输出能力之减退，乃由世界经济恐慌之所致。征之表 3 - 10，此三国小麦滞货甚多，足见其输出潜在力（Potentiality）之大，一旦遇有机会，当可大量输出，恢复其前数年之地位。欧洲输出国，近年小麦之输出，较前增加，俄国 1930—1931 年，输出大增，而 1931—1932 年又大减者，由于1931 年歉收所致。此等事实，皆为最可注意者。

中国为米之生产国及消费国，亦为小麦之生产国及消费国，而如前所述，小麦之需给关系，殆遍及全世界，不如米之偏于一局部。故将来中国小麦问题，恐较米谷问题，更为复杂。即就近 20 余年，米小麦及面粉输出入之变迁观之，已足见此问题之极为重要，试先示民元以来，小麦输出入之统计（根据海关贸易册）如表 3 - 15。

表 3 - 15

年次	小麦入口		小麦出口		小麦出超		小麦入超	
	担数	指数	担数	指数	担数	指数	担数	指数
民 1	2 564	100	1 376 689	100	1 374 135	100		
民 2	2 064	80.49	1 848 071	134.24	1 846 007	134.33		
民 3	998	38.92	1 969 048	143.02	1 968 060	143.22		
民 4	2 586	100.85	1 514 536	110.01	1 511 950	110.03		
民 5	58 955	232.74	1 155 179	83.91	1 095 624	75.73		
民 6	36 169	1410.6	1 557 601	113.14	1 521 432	110.72		
民 7	16	0.62	1 815 461	131.87	1 815 445	132.11		
民 8	110	0.78	4 453 471	323.49	4 453 451	324.09		
民 9	5 425	211.58	8 431 520	612.45	8 426 095	625.48		

（续）

年次	小麦入口		小麦出口		小麦出超		小麦入超	
	担数	指数	担数	指数	担数	指数	担数	指数
民 10	81 346	3112.60	4 194 022	377.28	5 112 676	37 206		
民 11	873 142	34 053.90	1 151 014	83.61	277 872	20.22		
民 12	2 595 190	101 216.65	639 919	46.48			1 955 271	100
民 13	5 145 367	200 677.73	140 185	10.18			5 005 182	255.98
民 14	700 117	27 305.60	207 403	15.07			492 714	25.20
民 15	4 156 378	161 208.00	4 971	3.61			4 151 407	212.31
民 16	1 690 155	65 918.00	495 982	36.03			1 194 173	61.07
民 17	903 088	35 221.00	1 801 402	130.85	898 341	65.38		
民 18	5 663 846	220 899.00	802 185	58.27			4 861 661	248.64
民 19	2 762 240	107 732.00	19 881	14.44			2 742 359	140.30
民 20	22 773 424	888 199.00	7 499	5.45			22 765 925	264.00
民 21	15 084 723	558 328.00	416 825	30.28			15 667 898	750.2

备考：小麦入口指数、出口指数及出超指数均以民元为基年，入超指数以民12为基年。

据表 3 - 15，就小麦之进口观之，民元至民 4 年，多者不过 2 000 余担，少则不及 1 000 担，5 年一跃而有 59 000 余担，民 7、民 8 两年忽大降，其数微不足道，民 9 年又上升，嗣后猛进，至民 13 年而有 510 余万担。继而忽低忽高，然未有超于 600 万担者。至民 20 年，竟达于 2 000 万担以上，民 21 年稍减，然尚有 1 500 余万担，较之米谷进口之增加，其速度更大。若将入口指数与出口指数对照之，殊有主客易位之感。然就出超与入超观之，民元至民 11 年间，中国固为小麦输出国也。民 12 年始变为入超，然尚不过数百万担，民 17 年且转为出超，民 18 年旋复入超，民 20 及民 21 年，竟达 2 000 万担及 1 000 万担以上。综观民 21 年间输出入之情形，颇为奇特，非与面粉之输出入并论之，恐难得其真相。兹示面粉输出入统计（根据海关贸易册）如表 3 - 16。

表 3 - 16

年次	面粉入口		面粉出口		面粉出超		面粉入超	
	担数	指数	担数	指数	担数	指数	担数	指数
民 1	3 201 501	100	637 484	100			2 565 017	100
民 2	2 596 821	81.1	139 206	21.8			2 457 615	95.8

（续）

年次	面粉入口		面粉出口		面粉出超		面粉入超	
	担数	指数	担数	指数	担数	指数	担数	指数
民 3	2 166 318	67.7	69 932	1.1			2 096 386	81.0
民 4	158 273	4.9	196 596	30.8	38 323	100		
民 5	133 464	7.3	289 747	45.5	56 283	146.9		
民 6	678 848	21.2	798 031	125.2	119 182	32.0		
民 7	4 551	1.4	2 011 899	315.6	2 007 348	5 238.0		
民 8	271 328	8.5	2 694 271	422.6	2 422 943	6 322.0		
民 9	511 021	16.0	2 960 779	464.4	3 449 758	9 002.0		
民 10	752 673	23.5	2 047 004	321.1	1 294 331	3 278.0		
民 11	3 600 967	112.5	593 255	93.1			3 007 712	117.2
民 12	5 826 540	182.0	131 553	20.6			5 694 987	222.0
民 13	6 577 390	205.5	151 285	24.7			6 499 877	253.4
民 14	2 811 500	87.8	288 060	45.2			2 523 440	98.4
民 15	4 285 122	133.8	118.421	18.6			4 166 703	12.4
民 16	3 824 674	119.5	118.099	18.5			3 706 575	144.5
民 17	5 984 903	186.9	85 633	1.3			5 899 270	220.0
民 18	11 939 296	372.8	26 748	0.5			11 908 548	464.3
民 19	5 188 174	162.1	4 685	0.1			5 183 489	292.1
民 20	4 889 275	152.7	25 014	0.4			4 864 261	179.6
民 21	6 636 658	207.3	541 322	84.9			6 095 336	237.6

备考：面粉入口指数、出口指数及入超指数均以民元为基年，出超指数以民 4 为基年。

　　就表 3 - 16 观之，面粉进口，忽高忽低，颇不规则。出口除民 19 年最少外，其余大抵盘旋于数万担或数十万担之间。惟民 7、民 8、民 9、民 10 年，各达于 200 万担以上，然未有超于 300 万担者。就入超与出超观之，则民国前 3 年，均为入超，自民 4 年转为出超，以至民 9 年，其进步颇有秩序，民 10 年虽仍为出超，而其数大减。自民 11 年起，情势逆转，由出超而为入超，且有 300 万担之数。嗣是扶摇直上，其势颇猛，虽有时减少，然皆盘旋于 200 万担与 650 万担之间，民 18 年，且达于 1 190 万担。于是面粉与小麦，同处于入超地位，颇有不易挽回之势矣。其故安在？试略论之：

　　或谓：近 10 年来，小麦及面粉，滔滔乎流入中国，即为麦量不足之征。斯说固持之有故。然观之表 3 - 14，小麦自民元至民 11 年，实处于出超之地位，多则达于 842 万担，少则除民 11 年外，皆在 100 万担以上。似此期间内，中国小麦，不惟足以自给，且有余裕以饷外国。自民 12 年起，虽连年入超，而民 17 年转为出超，有挽回颓流之势，以视米谷之永为入超者，截然不同。至就面粉言之，民 3 以前，中国面粉工业，尚极幼稚，而面粉之需要渐增。故小麦虽出超，而面粉则为入超。嗣欧战起，海运多阻，外国粮食又缺乏，中国面粉工业，亦于是时勃兴。故自民 4 年起，面粉转为出超，至十年而其地位不变。小麦至民 11 年止，仍为出超。此固受欧战之影响，而此期间内，小麦及面粉，均为出超，益足证小麦之足以自给。乃自民 12 年起，小麦及面粉，均为入超（除 17 年小麦出超外），变化之大，殊足诧异。如谓因小麦及面粉产量之减小，以至于此，然决不如是之速。核厥原因，盖由于国民生活程度向上，向之不食面粉者，今则以面粉为主食或副食矣；向之食土磨面粉者，今则食机制面粉矣。机制面粉之需要日增，小麦产额，虽或足以副之，而其品质优者少，劣者多。重以交通梗阻，捐税繁重，自小麦生产地，输之面粉厂所在地，运费既昂，成本加重。而洋麦品质优良，适于制粉，进口向无税，运费又廉。故面粉厂争舍华麦而购洋麦。此小麦之所以入超也。顾小麦即入超，则面粉产额，似应增大，足充国人之需要矣。而面粉亦入超者，则何以故？盖自机制麦粉，压倒土磨面粉，机制面粉之用途日广，而各地面粉厂，未能充分利用其生产力，供给与需要不相副，洋粉乃乘虚而入。此固由于原料之不足。然所谓原料不足者，非止为量的问题，而为质的问题。假令中国小麦，皆如洋麦之标准化（Standardization），而又运输便利，朝发而夕至，则今日面粉厂之产量，决不至此，洋粉亦不至跋扈于各地市场。第以华麦品质不良，收买亦非易事，制粉乃不得不借助于洋麦。而制粉工场之出品，又难与洋粉争雄。此面粉所以与小麦同为入超也。

查历年海关贸易册，小麦进口，各关中以上海为最大。盖上海为面粉工业之中心，所需原料甚多，而华麦不足应其求，洋麦乃取而代之。且洋麦进口，较之华麦进口遥多。例如民国 18 年，上海洋麦进口净数，为

5 464 079担,华麦进口净数,为617 121担,民19年,洋麦为2 391 154担,华麦为1 042 142担,民20年,洋麦为19 419 009担,华麦为77 468担。由此足见①上海华麦进口较少之年,即洋麦进口较多之年,洋麦进口愈多,则华麦进口愈少。②上海面粉厂,不欢迎华麦,而欢迎洋麦,此亦足为华麦品质不如洋麦之一证。③中国近十年来,小麦由出超而转为入超者,概由于机制面粉之发达。就小麦本身而言,未必是量之不足,而实为质之不优,及运输之不便。

就面粉之进口关别观之,其情形与小麦进口颇异。洋麦进口,上海最多,天津、胶州、汉口及其他各埠,虽亦有输入,然其数不及上海远甚,且其分布范围不广。洋粉进口,近数年来,除民21年上海最多外,以天津为最多。其他各埠各有相当输入,且分布之范围颇广。惟国内通商口岸,亦有华粉输入,未容漠视。兹据海关贸易册,示民18年至民20年,主要口岸华粉与洋粉之进口状况于表3-17。

表3-17

埠 别	华粉输入			洋粉输入		
	民18	民19	民20	民18	民19	民20
天 津	4 648 134	1 179 974	3 014 393	5 317 654	1 729 006	1 544 414
秦皇岛	620 065	560 794	847 878	135 583	73 002	154 835
牛 庄	370 513	1 185 891	921 528	823 843	271 320	145 841
烟 台	238 461	448 144	553 597	232 887	72 682	40 026
汕 头	233 485	389 832	516 855	165 496	43 887	60 371
福 州	246 187	354 344	476 501	173 695	65 781	40 589
广 州	177 354	270 370	275 451	449 277	486 288	686 764
大 连	55 299	5 438	503 900	2 504 894	1 316 118	833 538
厦 门	89 163	262 506	346 969	325 216	148 995	124 401
上 海	9 559	14 919	2 570	247 034	223 671	59 622

由表3-17观之,各口岸中,华粉进口,民19年比之民18年,天津、秦皇岛、大连减少,而民20年复增,其余除上海、牛庄外,都继续增加。洋粉进口,民19年比之民18年,秦皇岛、汕头减少,而民20年复增,其余除广州继续增加外,均继续减少。可见近数年来,各主要口

岸，除一、二例外，华粉进口，有增加之倾向，洋粉进口，有渐减之倾向。此本为一种之良好现象。乃自去年①以还，华北面粉市场，渐为日粉及俄粉所吞食，上海粉厂之出品，遂以滞销，粉价狂跌，麦价亦随而大落。此后之变迁如何？殊堪注意也。

就小麦及面粉进口之国别观之，自澳大利亚、加拿大及美国输入之小麦，占进口总数之大部分，阿根廷向无小麦进口，至民21年，有125 752担输入，民22年，有2 222 459担输入，此为最可注意之事。面粉进口，则以美国为最多，日本、加拿大次之。

中国小麦及面粉之输出入状况，大抵如上所述。至中国小麦，现在或将来，能否足以自给？如云不足，其不足之程度若何？非比较生产统计与消费统计，不能判定之。若仅以近数年来小麦及面粉之输入数量，推定中国缺少小麦若干担，是亦皮相之见也。惟中国小麦之栽培区域，较稻为广，以小麦为主食或副食者，其范围亦较大，而其与杂粮之互相代替，因时与地而殊，情形颇为复杂，尤不如食米者之较为确定而单纯。故小麦之全国消费额，不易估计。即就生产额而言，亦无确实的数字。据《中国农业概况估计》，25省（广西、西康、青海未在内）小麦产量，有42 274.6万担，此数似失之低。兹姑根据此数，以觇小麦及面粉之进口数量，对于小麦生产额之比例大小。先将民国12年至民国21年之小麦入超担数（除民国17年出超外），计算其平均数，得6 426 288担。再将同时期内，面粉之入超担数，计算其平均数，得5 554 248担。更将此担数改算为小麦担数（普通100斤小麦可制70斤面粉），与前记小麦入超担数相加，应有14 360 929担。最后求其对于小麦生产额之比例，得3.4%。如此小麦生产额之估计虽低，而小麦及面粉之进口额，仅占小麦生产额之3.4%。若小麦之生产额，实际上不止此数，则进口额对于生产额之比例，当更少矣。由此可见近十年来，小麦与面粉，虽俱为入超，增加颇速，而从全国小麦生产上观察之，其数尚属无多。且如前所述，近来洋粉之进口增加，由于中

---

① 1933年——编者注

国面粉厂制粉能力之薄弱，洋麦之进口增加，由于各省小麦，亦如米谷不能自由流通，且其品质不如洋麦之佳良，故洋麦乘虚而入，非必小麦之量不敷用也。假定各省小麦，能绝对的自由流通，再将贩卖组织，及等级查定之方法，极力改良，则面粉厂之需用华麦必加多，洋麦进口，自然减少。故不能以洋麦之进口量（面粉改算为小麦在内），为华麦之不足数，即退一步而言，以此为不足数，而其对于生产额之比例，亦不过3.4%。远的将来，未敢断言，而就现在及最近将来而论，小麦虽稍形不足，而其程度实甚低。且各地小麦之栽培法，较稻为粗放，现在各省荒地中，适于植麦者，比之适于植稻者亦较多。故小麦单位面积之增收，及其栽培面积之扩充，比之米谷，其可能性较大，因之小麦自给之可能性亦颇强。惟有最宜注意者，现在奉、吉、黑、热尚未收回耳。此四省，均适于小麦之栽培，而地广人稀，尤为小麦发展之最有望的地方。万一永为日人所占据，其及于杂粮生产上之影响甚大，姑措而勿论，即仅就小麦而言，已失粮食之一大给源。故奉、吉、黑、热之存亡，与粮食问题解决之难易，至有关系。

第三节　杂粮自给问题

"南人吃米北人吃麦"虽为一种通行之语，而在实际上，南部及中部诸者，非全食米，贫民以杂粮充饥量不鲜。北部诸省，虽以小麦为主要食物，而使用杂粮者甚多，且较食米之区为尤著。故杂粮在中国粮食上之地位，颇为重要。顾杂粮之种类繁多，各地方所食杂粮，亦不一致。就北部而言，东三省以高粱为主，小米次之，河北、河南、热河，以小米为主，高粱、玉米次之，山西以小米为主，燕麦（Oat）、高粱次之，山东以高粱为主，小米次之，察哈尔以小米为主，燕麦次之，绥远以燕麦为主，糜米次之，陕西、甘肃以玉米为主，糜米次之。[①] 由是可知北部诸省之杂粮，小米、高粱、玉米，为最普通。此外如燕麦、糜米、大麦、荞麦，及其他

---

① 曲直生著《华北民众食料的一个初步研究》。

杂粮，虽亦供食用，然其在粮食上之地位，远不及小米、高粱、玉米之重要。中部诸省，与南部诸省虽亦使用杂粮，但前者杂粮之用途，较后者为广，至其种类如何？以尚乏调查资料，未敢明言。然中部诸省及南部诸省，概为食米之区，其参用杂量之程度，不及北部食麦之区之高，即各种粮食之比例，食米之区，米所占之百分率，较之余麦之区，小麦所占之百分率遥高。伸而言之，食米之区，杂粮所占之百分率，较之食麦之区，杂粮所占之百分率遥低。[①] 故杂粮之粮食上之地位，北部诸省，较之中部及中南部诸省为高。

杂粮之生产，现尚无精确之统计。但据《中国农业概况估计》之所载，亦可明其大概。兹示之如表 3-18。

表 3-18　主要杂粮之栽培面积及产量

面积单位：1 000 亩　　产量单位：1 000 担

	大麦	高粱	小米	玉米	其他杂粮	甘薯	马铃薯	芋	其他根薯
栽培面积	94 749	152 587	150 095	92 031	25 850	27 006	5 386	2 127	76
产　量	128 201	233 661	217 239	147 780	26 068	268 091	40 455	24 432	1 014

由表 3-18，可以觇中国杂粮之生产状况矣。但此等杂粮，能否足以自给，非计算其消费额，不能明。而杂粮之种类颇多，其用途又繁杂，非如米及小麦之较为单纯。故其消费额不易估计。兹惟考察杂粮之输出入状况，而推论之。

查海关贸易册，中国杂粮进口，在民国初期，分列大麦、玉蜀黍、燕麦、裸麦及其他谷类。嗣因进口数量无多，将此等杂粮，以"未列名粮食"赅括之。于是各种杂粮中，何者进口增多？何者进口减少？不得知之。例如玉蜀黍，在民国 13 年前，海关贸易册，列入其进口数量，而自是年以后，不再专载。此非必玉蜀黍之绝无进口，第其数量，包括于未列名粮食之中，不易确知耳。征之去年[②]财政部之征收洋麦进口税训令，其

---

① 曲直生著《华北民众食料的一个初步研究》第 47~51 页。

② 1933 年——编者注

中有云："此外进口之大麦、荞麦、玉蜀黍、小米、裸麦及其他杂粮，应一律按从价 10％征收。"可见此等杂粮，近年仍有进口，不过海关贸易册，未分别载其数量耳。然观之"未列名粮食"之进口数量，亦可知此等杂粮进口之概况。示之如表 3-19。

表 3-19　杂粮进口净数

	未列名粮量		西 米 粉		未列名粮食粉	
	担	海关两	担	海关两	担	海关两
民国 18 年	79 534	428 150	80 248	450 989	105 215	653 505
民国 19 年	364 861	1 372 737	97 360	589 974	127 819	891 530
民国 20 年	47 406	456 116	207 557	1 473 733	107 956	834 356
民国 21 年	58 305	441 218①	69 179	379 414①		418 244①
民国 22 年	159 543	595 573①	117 244	534 324①	114 134	490 621①

备考：①系金单位数。

中国杂粮及杂粮粉，每年输往外洋者，为数颇巨。洋米、洋麦及洋粉之输入超过，实借此稍补其漏卮。兹据海关贸易册，示民国 18 年至民国 22 年，杂粮及杂粮粉之出洋总数于表 3-20。

表 3-20　杂粮及杂粮粉出洋总数

	民国 18 年		民国 19 年		民国 20 年		民国 21 年		民国 22 年	
	数 量（担）	金 额（海关两）	数 量（担）	金 额（海关两）	数 量（担）	金 额（海关两）	数 量（担）	金 额（海关两）	数 量（担）	金 额（海关两）
荞 麦	607 689	1 897 620	493 686	1 692 349	555 949	1 894 260	292 844	809 481	9	
高 粱	1 086 077	2 530 289	1 014 940	2 610 750	2 327 487	6 779 131	1 688 716	4 439 006		
玉蜀黍	849 115	2 245 053	446 644	1 278 719	655 008	1 945 931	223 780	425 871	973	
小 米	3 781 419	16 266 201	4 094 666	24 332 352	2 947 049	10 772 309	2 819 700	9 604 681	124	
其他粮食①	51 374	1 711 868	53 240	185 651	120 656	370 678	44 935	79 896	4 875	
未列名粮食粉	17 976	111 454	15 778	92 815	20 820	133 285	6 881	46 696	4 420	

备考：①米谷小麦不在内。

就表 3-19 及表 3-20 比较之，可见民国 21 年以前，杂粮之输出，超过于输入甚多。即此足知杂粮不惟足以自给，且有余剩，可以输往外国矣。惟荞麦、高粱、小米、玉蜀黍等，殆全自爱珲、哈尔滨、珲春、龙井村、安东、大连、牛庄诸港出口，可见出口之杂粮，概为东三省产物。自东三省为日人占据后，此等杂粮，已非我有，其出口数量，自民国 21 年后，不复见于海关贸易册，而民国 22 年之杂粮出口数量，遂微不足道。此不惟杂粮之对外贸易上，大生变动，中国本部各省所需之杂粮，亦将失其大给源。故杂粮自给问题，此后不得不别加考虑。如东北各省，能早日收回，杂粮当永远足以自给。否则久假不归，杂粮自给之前途，不无可虑。然中国本部各省，杂粮之生产颇多，而于华北为尤丰。自东北沦亡，杂粮之出口数量，固已大形减少，而杂粮及杂粮粉之进口数量，民国 22年，虽较前 2 年略增，而比之民国 19 年之进口数量为少。足见杂粮之进口，尚未大受东北沦亡之影响。故就目前而论，中国杂粮，当足以自给。

第四节　粮食自给之必要

如前三节所述，米、麦均有自给之可能性，杂粮足以自给而有余。斯固中国粮食前途之一线光明也。然现在我国民，虽以杂粮充饥者甚多，而将来国民生活程度向上，今之常食杂粮者，当渐趋于米及小麦，米及小麦之消费当更增加。若米及小麦，皆不足以自给，则中国粮食，永远无自给之一日矣。凡事不进则退，倘利用米麦自给之可能性，极力设法，以增加生产，并施行种种方策，以抵制米麦及面粉之输入，庶粮食有完全自给之一日。否则听其自然，恐涓涓不绝，将成江河，后之视今，犹今之视昔，米麦及面粉之进口数量，将与年俱进，莫知所止，将来虽欲设法挽回，亦恐临渴掘井，无裨于事。故在今日，讲求粮食自给之道，极为必要。至其必要之理由，更别有在焉。试略论之：

（一）就国际贸易上论之

就现在而言，米麦及面粉之进口数量，从米麦之生产额上观之，固属无多，然米、麦、面粉，及其他粮食，与粮食粉之进口价值，已达于巨额。兹据海关贸易册，示民国 19 年民国 20 年及民国 21 年，粮食进口价值，与洋货进口总值，及洋货入超总值于表 3 - 21，以资比较。

表 3 - 21

	粮食进口价值 （海关两）	洋货进口价值 （海关两）	洋货入超总值 （海关两）	粮食进口价值 占洋货进口 总值之比例 （％）	粮食进口价值 占洋货入超 总值之比例 （％）
民 19	167 363 840	1 309 755 742	414 912 148	12.7	40.2
民 20	183 391 570	1 433 489 194	524 013 669	12.8	34.9
民 21	207 900 613	1 049 246 661	556 605 240	19.8	35.5

备考：本表所谓粮食包括米谷、小麦、麦粉、西米粉、未列名杂粮及未列名杂粮粉等。

由表 3 - 21 观之，民国 19 年，民国 20 年，及民国 21 年之粮食进口价值，对于洋货进口总值之比例，为 12.7％，12.8％，及 19.8％，而其对于入超总值之比例，则为 40.2％，34.9％，及 35.5％。近年中国，入超愈增，漏卮愈大，国民经济之源泉，益以枯涸。粮食为我国民日常生活之最主要资料，乃亦仰给国外，达漏卮全额之 35％ 左右，或在 40％ 以上，岂不可怪。假定我国粮食，本无自给之能力，犹可说也。顾如前所述，米麦均有自给之可能性，而不早行设法，以塞漏卮，别不必论，即就国际收支而言，其损失已不鲜。然若使我国输出品，能逐年增加，以抵偿粮食进口之漏卮，则在国际收支上，不无少补，而今果何如？

就农产品之出口而言，从前华茶之产额，甲于全球，即在世界市场中，亦曾独步一时。而其后为印度茶、日本茶及锡兰茶所侵迫，贩路遂以大减，近更有江河日下之势。民国 18 年，茶之出口价值，约有 4 100 万关两，民国 19 年，降至 2 600 万关两，民国 20 年，虽增至 3 300 万关两，而民国 21 年，又降至 2 400 万关两。丝亦曾称霸于世界市场，而旋为日本丝所压倒，近益衰落。民国 20 年，生丝出口价值，约有 9 500 万关两，至民国 21 年，仅有 3 200 万关两。蛋及蛋品出口价值，民国 20 年有 3 700 万关两，民国 21 年仅有 2 800 万关两。豆类及豆饼，出口价值之合计数，近数年前，已夺生丝之输出地位而代之（民国 20 年，豆类出口价值，有 13 500 万关两，豆饼有 5 900 万关两）。不幸出口豆类及豆饼，概产于东三省，自东北沦亡，此种大宗之出口品，已非我有。而返观诸粮食之进口价值，近数年来，反有增加之趋势。故欲增加农产品之输出，以其所得，填补粮食输入之所失，恐一时势所难能。

就工业品而言，中国工业，发达较早，范围为较广者，为棉纱厂、面粉厂及丝厂。其余工业，均尚在萌芽时代。面粉厂，原料，既多仰给于外国，而其制品，照去年①情形观察之，国内市场，且难保持其地位，遑论对外之推销。丝厂则如前所述。近因丝业衰落，奄奄一息，几难自存，欲恢复原有之出口数量，已觉其难，扩充贩路，更无论矣。棉纱厂勃兴于欧战时，营业颇发达，从前进口洋货中，棉纱曾占首位或次位，近则降至无足重轻之地位，此实差强人意。然至近年，纺织工业，萎靡不振，我国棉织品市场，方为英、日逐鹿之地，自顾不暇，焉望向外发展。故就现在而论，欲增加工业品之输出，以其所得，填补粮食进口之所失，恐更非易事。

或谓：中国现在，虽未脱农业国之域，而将来必不终为农业国。倘一旦工业勃兴，将其制品，向世界各国，广为推销，则以本国之工业品，换取外国之食物，亦复何害。此说固持之有故。然亦思今日世界之国际贸易政策，为何如耶？自 1929 年，世界经济恐慌以来，经济的国家主义（Economic Nationalism），非常发展，所谓保护贸易政策（Protectionism）及经济的独立主义（Economic Particularism）者，盛行于世。凡号称工业国者，一面高筑关税壁垒（Customs Barriers）以防外国工业品之侵入，一面将本国工业品，向外倾销（Dumping）群雄角逐，靡有已时。中国处此四面楚歌之境，从将来工业发达，但求其能驱逐外国工业品于本国市场之外，已非易事，而欲其与外国工业品竞胜于世界市场，恐更难矣。即退一步而言，将来中国工业品，可以扩张贩路，而决不可因此谓粮食毋庸自给。从前英国之食料，大部分自外国及殖民地输入者，以其时英之商工业，可以睥睨一世也。近则时移势易，已悟其非矣。1932 年，小麦法（The Wheat Act）之制定，②即其明证也。他如德、法及意大利，近亦采用粮食自给政策，日本粮食，虽不能自给，而亦向此目标努力进行。中国

---

① 1933 年——编者注
② 《The Agricultural Situation in 1931—1932》第 163 页。

未有工业国之资格，而偏欲步昔日工业国之后尘。岂知今日工业国之粮食政策，已大变迁耶？

要而论之：今日外国之谷物，固千仓万廪，积贮甚丰，急盼我国民之需用也。我国苟有充裕之物品，足与之交换，则尚足以自慰。而如前所述，农产品之输出，有日就于衰之势，工业品之国外市场，扩张更非易事，则年年输入大量之米、麦及面粉，非以现金换取之不可。以数量有限之现金，换取消耗无穷之粮食，可乎？不可乎？不待烦言而自解矣。故从国际贸易上论之，粮食须以自给为原则。

（二）就国防上论之

今日世界，交通贸易，非常发达，输运食物，至为便利，苟有金钱，可坐而致。故粮食虽为国民之必需品，而亦不必于国内生产之。然在太平无事之时，此说已有考虑之余地，而在国际多故之日，更不宜有此谬见。盖食物之独立，本为国家生存之一要件，国际战争，虽未必时常发生，而其发生之时期，究难预定，与其临渴掘井，仓皇失措，不若未雨绸缪，以杜后患。且食料为不可一日或缺之物，仰给食料于外国，是不啻将生杀予夺之权，让之他国，以危国防之基础也。幸而国交巩固，战事不生，尚可挹彼注兹，苟延残喘。万一国际风云，忽焉变色，交通梗阻，粮道中绝，虽有劲旅，将不战而屈矣。1806年，大陆封锁之令下，自波兰及普鲁士，输入于英之谷物，不能通过，英人大困，几濒于危。当欧战时，英颇为德国潜航艇（Submarine）所窘，设德国潜航艇，能更发挥其势力，且延长其奋斗期间，英或先屈伏于德，亦未可知。德虽已于战前，预储粮秣，以策久远，而卒以四面受敌，食料缺乏，力竭而请和。可见国际战争之结果，固视兵力金力及智力而殊，而粮食能否持久，实为胜败之一大关键。中国从前，虽属与外国构争，而尚不至睹国运之存亡，且其事多限于局部，故战时粮食问题，从未有加以注意者，今则与昔大殊矣。美日战争，或俄日战争，有一触即发之势，就令一时不发，而终有爆裂之一日。如其发也，中国沿海各省，必首受日海军之封锁，而与外国断绝交通。倘此时国内所有粮食，不足维持二三年，虽竭全国之力，以抵抗之，亦恐难以持久。言念及此，不寒而栗！即退一步而言，此后数十年内，不至与外国战争，而粮食自给之方针，亦应早为决定。盖粮食自给之生产条件，及经济条件，放弃之甚易，恢复之甚难。当 19 世纪初期，英国之粮食政策，尚维持保护主义，其后以商工立国，遂改用自由贸易，欧战后，英政府欲奖励粮食之生产，而其效颇微。近虽已采用保护贸易政策，而小麦在 1932 年小麦法未施行以前，尚保留国际之自由市场。盖积重难返，国情使然也。英国海军，在各海军国中，必求其比率之高者其理由固不止一端，而欲借此以维持本国与外国及殖民地间粮食及原料之流通，亦为其一要因。中国今日国防问题之严重，日益加甚，而又无强大之海军，足以自卫。倘粮食不早谋自给，以备不虞，而徒乞余沥于他人，循此以往，后将难救。就国防上言之，其危险实甚！

由上所述，亦可知粮食自给之必要矣。然粮食自给，非空言所能达其目的也，必须有绵密之计划，与适当之设施，而后乃可望其成，后当再论之。

第四章　粮食问题与农业关税

第一节　农业关税之意义及其效用

关税为消费税之一种，亦可称为间接税。自课税之方法区别之，得分为输入税（Import Duties），输出税（Export Duties），及通过税（Transit Duties）。近世文明各国，通过税已废止之，输出税亦渐归消灭，而于现代之关税政策，有重大关系者，为输入税。

自课税之目的论之，输入税得分为财政输入税（Revenue Import Duties），及保护输入税（Protective Import Duties），前者以增加国库收入为目的，后者以保护本国产业为目的。

财政关税与保护关税亦有相辅而行者，然其根本的性质，实如冰炭之不相容。即财政关税，置重于国库收入，故务望输入之增加；保护关税，置重于产业保护，故务望输入之减退，此则二者相异之要点也。若保护关税，兼采收入主义，则已失其本来之性质，虽保护关税，非不足为国库收入之源泉，而欲使保护政策，充分发挥其效果，实以外国货物之输入杜绝为最宜，否则亦必力求其减少。即保护关税之效用，在使国民转换其对于外国品之需要，趋向于内国品，其结果，关税必至断绝或减少。若保护关税，仍以国库收入为目标，是悖乎产业保护之本旨也。

保护关税，自其保护之目的区别之，又得分为工业保护关税（Industrial Protective Duties）及农业保护关税（Agricultural Protective Duties）。从前保护关税，不论何国，概为保护工业而生，所谓保护关税者，指工业关税而言。至19世纪中叶后，交通机关，日以发达，廉价之美国农产物，滔滔乎流入欧洲市场，欧洲农业不胜其竞争，驯至田园芜废，农民疲困，于是前主张自由贸易主义者亦一变而主张保护贸易主义，谓农为国本，农业不可不加以保护，而农业保护关税（一称农业关税 Agricultural Duties）遂以盛行焉。

欲保护农业，而必借关税政策以行之者，盖有其故焉。凡生产事业，其所生产之物品，若贩卖价格，在生产费以下，必不能维持其营业，此理最为明显。矧在农业获利本微，生产费又未易轻减，若农产物之价格低落，至于生产费以下，则农民虽瞢于经济界大势，而长此得不偿失，必不愿再牺牲其劳力，而从事耕耘矣。征之英国往事，即可了然。

英国自古以来，对于谷物贸易取干涉主义，其初禁止谷物之输出，而输入则许其自由。继乃变更其政策，自 1554 年至 1677 年间，依谷价之高低，许可输入或输出，以维持国内谷价之均衡，此种政策历久未变。1822年之谷物平准关税法（Corn Duty in Sliding Scale），亦不外视谷价之高低，定输入之税率，后虽稍加修正，而其借输入税率之增减，使谷价保其平衡，以防农业之衰颓，其立法之精神，固未泯也。嗣因商工业非常进步，工业家及劳动者，均以谷物关税为不利。1838 年，Richard Cobden 及 John Bright 组织反对谷物条例同盟会（Anti-corn-law League），力攻谷物条例之非，政府见舆论难违，乃减转输入税率，以缓和之，而卒以大势所趋，莫能遏抑，政府遂断行谷物条例之废止，仅以记录税（Registration Duty）之名义，谷物每一夸特（Quarter），课税一先令，定于 1849年 2 月实行之，而此税法，1869 年，复废止之。于是英国之农业保护关税，遂归于消灭矣。[①]

当英国废止谷物关税，采取自由贸易政策时，英国之政治家，实业家及诸学者，皆以为英国之商工业，冠绝全球，已足立永久富强之基础，故于农业之盛衰，绝不以为意。乃不阅数 10 年，英国商工业之前途，险象环生，不胜今昔之感。而回顾农业，则已因谷物关税废止，日以衰颓。自1874 年至 1909 年，谷物耕地，自 1 133 万英亩，减为 827 万英亩，其中栽

① 掘口归一著《关税问题》第 58～69 页。

培小麦之地，自 382 万英亩减为 186 万英亩，其荒废之度尤甚。此外耕地，除燕麦外，大麦、黑麦、豆类之耕地，亦皆减少。此等耕地，率变为永久牧场（Permanent Pasture）。如此英国粮食之生产日减，而人口增加不已，故谷物输入，与年俱进，国民群仰食于外国，有识之士，渐悟其非，屡建议补救之策，而以格于国情，未易达其目的。欧战后，英国人士，颇有主张保护政策者，然亦未至于实现。自 1929 年，经济恐慌发生以来，世界各国，多采用保护贸易主义，英国商品之贩路，渐以狭小，而其本国市场，则为外国品所充溢，而莫能防制。于是舆论大变，关税改革（Tariff Reform）之计划，遂以实行。1931 年 11 月，颁布非常输入关税法（The Abnormal Importations Act），以防止倾销之名义，对于 23 种之输入品，课以从价 50% 之关税，此实为英国抛弃传统的自由贸易政策（The Traditional Free Trade Policy）之先声。然其课税之物件，概为制造品，而未及于农产物。是年 12 月复颁布园艺产物法（The Horticultural Products Act），对于某种之果实、蔬菜及花卉，课以输入税。1932 年 2 月，又制定输入税法（The Import Duties Act），对于一切输入品课以从价 10% 之关税，但如小麦、肉类、棉花、羊毛等仍为免税品。[①] 是年 7 月，渥太华（Ottawa）之帝国经济会议（Imperial Economic Conference），虽告成功，而于英国粮食之前途，仍鲜有裨益。由此可见粮食作物之生产，难进而易退，不保护之，势必至江河日下，莫知所止。保护之法，固不止一端，而关税实为要图。虽一国之粮食，未必因关税政策，即可完全自给，而至少可以解决粮食问题之一部。此近今世界各国，所以多采用农业关税也。顾农业关税以谷物关税为最重要。谷物关税之得失如何？论者颇歧其说。试略述之如下：

反对谷物关税者，谓对于谷物，课以输入税，其结果必至食物之价格腾贵，使下级社会，感生活之困难。此说颇言之成理。然仅注重消费者之利害，而不计及生产者之利害，其言亦不足取。凡一国之经济，因外界事

---

① 《Monthly Bulletin of Agricultural Economics and Sociology》，January 1933，第 24～25 页。

· 73 ·

情，起急激之变化，致使多数生产者，忽失其收入之途，此最为可危之事。关税之得失如何？固不能一律以论，而于普通之时，欲使国内之多数生产者，不受经济上之急剧变迁，则关税之赋课，实为必要。矧如农业，其进步需时颇久，非能应外界之变化，而即行改良，若不加以保护，则外界事情，变幻无常，农民受急激之迫害，虽欲强为维持，恐无其道。是固农业不幸，亦非国家及社会之福，即退一步而言，谷物之价格，因关税而腾贵，或不利于消费者，然关税之赋课法，与价格之调节法，若得其宜，则负担关税者，为外国之生产者，非本国之消费者，就令消费者负担其一部，而此亦为不得已之举。谷物关税，虽似偏重生产者之利益，而其永远目的，则在保持国内生产与消费之平衡。谷物为不可一日或缺者，不有生产，何从消费，消费而多仰给于外国，国际战争之危险，姑措而勿论，而谓外国能永远以廉价之谷物，供给于我，亦恐不可能。故维持或增进谷物之生产，正所以为将来消费者，保证其安全。美国农产富饶，谷物输出，为额甚巨，宜可不患外国谷物之竞争，而毋庸采用保护政策矣。而美国谷物关税，早已施行，亦以谷物生产，为农业之基础，又为国民生活之源泉，非极力拥护之，不足维持其现状，且更促其进步也。故农业关税政策之适当与否，不宜以一时消费者之利害判断之，要在统筹全局，远察将来，而后可论定其是非。[①]

反对谷物关税者，又谓谷物关税，足使工资随谷价而增高，故阻一国工业之发达。此说似是而实非。盖谷物关税，可预防谷价之急激下落，而非必使谷价腾贵。即让一步言之，谷价之腾贵，非必惹起工资之上升。欧洲自 19 世纪中叶后，谷价虽大跌，而工资适得其反。近来世界谷价崩落，而工资亦未同时减少。故谷价与工资，非必如论者所云，有密接关系，是谷价腾贵，非必不利于工业界也。况工业品之贩路，非专以国外市场为重，国内市场，尤为必要，谷价腾贵，足增加农民之购买力，内地工业品，亦得扩张其贩路。是谷物关税，虽有增高谷价之力，而于工

---

① 许璇著《农政学》（未刊本）。

业界却有利也。

由上所述，可知谷物关税之效用矣。一国之粮食问题，固不能专借关税政策解决之，而在外国谷物，与内国谷物处于竞争之地位时，为保护谷物之生产计，关税实为有力之屏藩。故农业关税，与粮食问题之关系，至为密切。

第二节　最近世界各国之农业关税

在 1929 年之世界经济恐慌勃发以前，农业恐慌之征候，业已发生，欧洲诸国，渐有增高农业关税之倾向，至近年而益著。虽农业保护之方法，得分为永久的保护政策（Permanent Protective Policies），与紧急的手段（Emergency Measure）之二种，而普通所采用者，为关税政策。惟各国之农业关税，不遑详述，兹举数例说明之：

德国之谷物保护制度（The German System of Grain Protection），在欧战前已实施之。自欧战后，因国民久尝粮食封锁之苦，思有以安慰之，故食物之供给，务求其廉，谷物得无税输入，如是者凡数年。至 1925 年，战前之关税制度复活，1902 年之关税中间率（The Middle Rates of the 1902 Tariff），遂见诸实行。所谓平准关税（Sliding Scale Duties）者是也。1926 及 1927 年间，谷物之中间税率，渐以增高，1929 年 7 月米勒政府（The Müller Government）复废弃关税之中间税率，对于享有最惠国条款（Most-favoured Nation Treatment）之诸国，课以 1926 年之瑞典条约所订定之税率，而对于无特别条约之诸国（如加拿大及奥地利），课以 1902 年之关税自主税率（The Autonomous Rates of 1902 Tariff）。其后复废弃瑞典条约，凡自他国之输入品，皆适用自主税率焉。德国政府之关税政策，在维持国内价格（Internal Prices），所谓正当价格（Right Prices），即其关税所欲达到之目的。1930 年，世界物价，益以惨落，政府深鉴前此所行政策，尚未充分。是年 3 月，法律复大加改革，适米勒内阁（Müller Cabinet）解散，至 4 月，再以更严峻之法律代用之。依此法律，一切农产物之输入税皆增加，而于小麦、大麦、燕麦、麦及豌豆之关税，政府得以正当价格（Right Prices）为基础，任意决定之。如此德国之谷物关税，选增不已者，亦不外以自给自足为目标也。

欧洲诸国中与德国相先后而增高谷物关税者，为法国及意大利。国际农业协会，尝就德、法、意之谷物关税比较之，作成一表。表示之如表 4 - 1。

表 4 - 1 ①　法德意三国谷物关税 ［谷物每 1 公担（Quintal）之输入税以金佛郎（Gold Franc）计］

	法 国			德 国			意 大 利		
	1913 年	1930 年 7月	1932 年 正月	1913 年	1930 年 1月	1932 年 正月	1913 年	1930 年 7月	1932 年 正月
小　麦	7.00	16.24	16.24	6.79	18.52	30.86	7.50	16.50	110.46
黑　麦	3.00	4.26	7.11	6.17	18.52	24.69	4.50	4.50	9.96
大　麦	3.00	3.05	3.05	1.60	14.81	24.69	4.00	4.00	4.01
燕　麦	3.00	6.09	6.09	6.17	14.81	19.75	4.00	3.15	3.26
玉蜀黍	3.00	2.03	3.41	3.70	3.09		1.15	1.15	1.36
小麦粉	3.50	32.49	25.99	12.59	38.89	53.29	11.50	23.70	30.65
黑麦粉	5.00	7.11	14.21	12.59	31.50	53.29	6.50	6.50	13.88

由表 4 - 1 观之，可以知德、法、意谷物关税增高之状况矣。至其及于国内谷物价格之影响如何？就前记表 3 - 8 及表 3 - 9，比较小麦价格之变迁，自可了然。兹为便于比较计再将 1931 年 2 月每 1 英担（Hundredweight）小麦价格，换算为同一货币价值，示之如表 4 - 2。

表 4 - 2 ②

英 格 兰	5s. 2d.	德 国	13s. 7 $\frac{1}{2}$ d.
法 国	145s. $\frac{1}{2}$ d.	意 大 利	11s. 10d.

谷物关税及于谷物生产之效果如何？观前记表 3 - 7，德国小麦之栽培面积，1921—1922 年，至 1925—1926 年之平均数，为 3 613 000 英亩，

---

① 《World Agriculture》第 180 页。

② Ibid，第 180 页。

1929—1930 年，为 3 955 000 英亩；1930—1931 年，为 4 401 000 英亩，1931—1932 年为 5 355 000 英亩。意大利之小麦栽培面积，亦于同一时期内，颇有增加。即此可见谷物关税与谷物生产之关系矣。

至于农业关税，是否足以达食物自给之目的，此固视各国之农业状况，及其他事情之如何，不能一致，而其减少外国品之输入，促进内国品之使用，确有相当之效果。据 1932 年 5 月柏林景气观测所周报（Wochenbericht des Instituts für Konjunktur-forschung）之所载，德国食物自给之程度，近数年间，大有进步。示之如表 4 - 3。

表 4 - 3[①]　输入额对于消费额之比率

	1927 比率（%）	1931 比率（%）
肉　　类	8	1
面包谷物（Bread Cereals）	24	4
饲料谷物（Feed Cereals）	21	6
蛋	31	30

由表 4 - 3 观之，德国之食物，现虽未能完全自给，而其因农业关税之施行，渐近于自给之域，可以了然明矣。此虽不过一例，而即此可以知农业关税，为食物自给之先鞭。

美国本以保护贸易著称，而 1913 年，曾大减关税税率，嗣因欧战发生，关税无变更，至 1921 年，经济恐慌发生，遂于是年颁布紧急法令（Emergency Act），提高关税，复于 1922 年，制定福特尼麦克肯波关税（Fordney McCumber Tariff），其税率甚高，然其目的在保护工业。至 1928 年，胡佛当选为大总统，彼志在保护农业，遂着手关税改正，于 1930 年，颁行赫雷斯摩脱关税（Hawley Smoot Tariff），大增税率。此新关税，以农业保护为主要目的，凡农产物及畜产物之输入较少，或输出超过者，亦提高其税率。[②] 讥之者以为：此非育成的关税（Erziehung. szoll），而为驱逐的关税（Verprängüngszall）。然在美国方面，则极力辩护之，尤

① Ibid，第 141 页。
② 平野常治著《世界恐怖下之国际贸易政策》。

以农业经济学家为著。1931 年，美国农业年鉴，其中有一节论及 1930 年
之关税法，大致谓保护关税，益将成为国家农业政策之重要部分，其理
由：①因美国农业，依赖外国市场之程度愈减，依赖内国市场之程度愈
增。②世界市场，农产物之竞争，近更加甚，欧洲主要输入国，增加关
税，益为生产过剩国（Surplus-producing Countries）之障碍。据美国税则
委员会（United States Tariff Commission）之报告；欧洲诸国，1929 年，
对于14 种重要农产物，大增输入税，并施行制粉限制法（Milling Restric-
tions），似此情形，不得不为美国农民，保护国内市场，1930 年之关税
法，即欲达此目的者也。① 至 1930 年之关税法，效果如何，据 1932 年美
国农业年鉴之所述，新关税法，颇有利于农业。自农业恐慌发生，美国之
农业输入品，不论其有税与无税，皆形减少，但自该关税法施行后一年
内，有税农产物（Dutiable Agricultrual Products）之输入，减少 33％，
而无税农产物（Duty-free Agricultural Products）之输入，则仅减少 7％，
此即新关税之效果也。设无新关税法，恐美国农民，在国外市场所受世界
竞争（World Competition）之痛苦，将于国内市场同见之云。②

　　由上所述，可以知最近世界诸国农业关税之概况矣。然自世界经济恐
慌发生后，国际贸易政策，不惟以高筑关税壁垒为能事，更于关税以外，
讲求种种直接的严酷的方策，以抑压外国品之输入。此等手段，近欧洲诸
国广行之。从表面上观之，似与关税制度无关，而实则以补关税政策之不
足。兹举其主要者如下：

　　（a）输入限额制（Import Quota System）

　　此乃就一定之输入品限制一定期间内之输入量，且与输入国缔结协约
而行之者也。此法虽未成为计划经济（Planned Economy）之一方策，而
近今各多利用之以为相互的让步（Reciprocal Concessions）之武器。实施
此制度者，以波兰为较早。即波兰于 1928 年，禁止多数商品之输入，嗣

---

　　① 《The Tariff Act of 1930》（Year Book of Agriculture 1931）第 41～42 页。
　　② 《The Influence of the Tariff》（Year Book of Agriculture 1932）第 9～10 页。

与各国缔结限额协定（Quota Agreements），限制各国之输入量，1932年，扩张其适用范围、谷物、农业机械等60余品目，皆在其内。法国于1931年8月，采用此制度，范围颇广，农产物如豚、肉类、乳制品及蛋类，均适用之。德国、瑞士、荷兰诸国，亦于1932年左右，实行输入限额制。如德国之于生牛及牛酪，荷兰之于牛肉及牛酪，瑞士之于蛋类、果菜、牛酪是也。

（b）输入独占制度（Import Monopolies）

谷物之输入独占制度，大抵为欧战统制时代（The Time of War Control）之遗物。而在当时，此法之目的，在以合理的价格（Reasonable Prices），得适宜之供给（Adequate Supplies），尚未以之为保护政策也。至近来，欧洲诸国，有采用此制度者，以为不须增加关税，可以贯彻农业保护主义也。[①] 此独占制度之施行，由中央机关，一面以比世界价格（World Price）较高之价格，购买国产品，一面以世界价格，输入一定量之外国品，而以其中间价格，卖之消费者。从理论上言之，此法得使生产者与消费者，均享其利，较之关税为优。但此制度之能否成功，在购买国产品之所失，与输入外国品之所得，其足以抵偿之程度如何。又在国际市场，能否较之普通商人廉价购入，亦与之有关焉。

瑞士在1927年前，以作物独占（Crop Monopoly）著称，实行此种制度，历有年所，今则变通办法继续行之。在采用完全独占组织（The System of Complete Monopoly）时，每年所需费用，约585 800镑，政府仅支付麦粉保险费（Flour Premiums）158 200镑，其余损失427 600镑，则提高面包价格，转嫁之消费者。1926年末，废止此制度，市场恢复自由者，凡3年。至1929年，斟酌乎独占制度与自由制度之间，创定一种新制度。即政府以一定价格，购入国产谷物，分配之于制粉者（Millers），外国谷物，则由商人输入之，但制粉者须于一定成数内购入国产小麦，至面粉，则惟政府得输入之。如是每年所需费用约360 000镑，全由政府负担，面

包价格亦较完全独占时为低云。^① 瑞士又施行牛酪专卖（The Butter Mo-
nopoly）之制度，其意义与谷物输入独占制度相似，但其组织不同耳。

此外如挪威小麦及面粉之输入独占（Statens Kornforretning），废而
复用。捷克 1931 年以来，有谷物输入统制组织（System of Grain Import
Control），至 1932 年 7 月，变为独占。德国 1930 年 3 月，设玉蜀黍专卖
制（Maize Monopoly）。皆所以提高国产品之价格，其效果与给补助金
（Subsidy）于生产者同。^②

（c）输入特许制（Import License）

此为某种商品之输入，须经政府之特许者，欧洲诸国及澳大利亚，曾
实施之。例如捷克 1930 年 2 月以来，就食料品及制造品之多数品目设输
入特许制，法国 1931 年 5 月，对于淡气肥料设输入特许制，是年 11 月，
适用于小麦，其后对于果品，输入限额制，与特许制并用之。比利时
1931 年 3 月，适用输入特许制于小麦，至 1932 年 4 月，更适用于牛豚、
冷肉、牛酪等。日本 1931 年 3 月，改正米谷法，定米谷之输入及输出，
须经政府之许可，皆此类也。

如上所述，农产物输入国，采用关税及关税以外之种种方策，以保护
自国之农业，而在农产物输出国，不能用此等手段以救济其农民，于是案
出相当方法借资对抗。兹示例如下：

（1）奖励金制度（Bounties）

近来欧洲诸国，直接或间接，对于输出品或生产品，设奖励金制度者
有之。例如匈牙利自 1930—1931 年间，创设巴来特制（Bolletten-sys-
tem），其法利用小麦消费税，给奖励金于小麦生产者，即买小麦者，须
先购准许证（License），政府将其所得税金，给予半额于农民，其余半
额，保留之，以充输出小麦返还准许证者之偿还费。此外有设立特别输出
公司（Special Export Company），与以资金之融通，并有时对于输出品，

---

① 《World Agriculture》第 190～191 页。
② Ibid，第 193 页。

给以奖励金者，此法东欧诸国广行之。例如南斯拉夫之国立谷物输出公司
(The State Company for the Export of Grain)[①] 是也。

（2）输入证明书（Import Bands）

此为输出奖励金之变形，德、法、奥、捷克及其他欧洲诸国，曾采用
之。即对于农产物之输出者，给以输入证明书，俾促进农产物之输出。此
证明书可以移转，其价值殆等于输入税之最低税率，得用以支付他种农产
物之输入税，其实质与输出奖励金同。德国采用此制者，原以调和农产物
输出入之均衡，即给输出证明书于东部谷物生产者，俾奖助其输出，西部
输入家畜饲料者，得利用此证明书也。[②]

如上所述，输入国以关税及其他保护政策，防制外国品之输入，输出
国则以奖励输出之方法，与之相抗，其手段虽不相同，而其延长农业之运
命，维持农民之经济，则殊途同归也。

近十余年来，世界各国，初对于工业，增高保护关税，继乃扩充之，
及于农业，关税战争（Tariff War），益以激烈。1930 年日内瓦（Geneva）
开关税休战会议（Tariff Truce Conference），卒归无效，而所谓保护贸易
主义者，反张其焰。从世界经济上观之，似此短兵相接，靡有已时，阻国
际货物之流通，促各国产业之萎缩，不论输入国与输出国，结果同受其
弊，此诚非共存共荣之道。然从一国之生存上论之，诚有不得已者。1931
年，国际联盟经济委员会，刊布"农业恐慌"（The Agricultural Crisis）
一编，其中论及自由贸易与保护政策，以为：主张自由贸易者，所说固为
正当，而在多数国家，认农业保护为一种之生死问题（Vital Question）
者，亦为社会的，及政治的紧迫状态（Social and Political Exigencies）所
使然。彼等殆未充分考虑之也。各国政府所以欲维持健全之农民者，非惟
准备非常时一国之粮食，并确认农民代表秩序与和平之要素也（The
Peasant Represents an Element of Order and Tranquility）。又现在被害较

---

① Ibid，第 194 页。

② 《World Agriculture》第 195 页。

深之诸国,其果敢的行动,实迫于自国之休戚相关的利益,不可不保护之,虽有损于第三国之利益,不遑顾及之也。即在工业国,农民既目睹乎产业之被保护者繁荣,未被保护者衰落,其要求农业之保护,理固宜然。虽有极力告以农业保护之无效者,彼必不愿闻也。若瑞士撤废豚之输入税〔每头 50 佛朗(Francs)〕,则用为豚的饲料之废物的产品(Waste Products)当全归无用,瑞士乳饼工场(The Swiss Cheese Factories)之废物将尽弃之沟中矣。又若葡萄酒之关税〔每百升(Hectolitre)30 佛朗(Francs)〕,亦撤废之,则瑞士葡萄之栽培,亦绝灭矣。要而论之,多数国家以政治的、经济的或人口学的性质之种种理由,认国民食料供给上所必需之作物栽培,不可放弃之。此种观念,虽在主张自由贸易者,亦应谅解,诸国经济的自给之愿望,既如是其迫切,关于农业之自由政策恐一时尚无望焉。[①] 此说甚为适切,其内容虽指一般农业关税,及关税以外之保护政策而言,并非限于粮食问题,但近来世界各国之农业保护政策,以关税为主干,而关税又以粮食生产之保护为最要。故由是以观,益可知农业关税与粮食问题之关系,至为密切。

第三节　中国谷物关税问题

中国米麦关税问题,近数年来,几成为各方讨论之中心,众说纷纭,颇难一致。幸而去年[②]12 月 16 日,已开征洋米麦进口税,久未解决之悬案至此告一结束。故现在关税问题,不在米麦进口税之应否征收,而在现行之关税法,能否举行保护之实。兹先录去年[③]12 月,财政部对于各海关之训令于下,再加以检讨。

"案查本部前以全国各团体,纷纷请求征收洋米进口税,保护农民生计,救济农村经济等情,经本部查核,尚属可行,已呈由行政院转送立法

---

① League of Nations《The Agricultural Crisis》第 53～54 页。
②③ 1933 年——编者注

院审议，规定外米每担最高税率 2.50 金单位，谷 1.50 金单位，由本部再行斟酌，另定征收细则，详拟具复。兹经本部议定，征收洋米每担 1.00 金单位，谷每担 0.50 金单位，通令全国海关，一律征收。至粤海、潮海、琼海、梧州、龙州、南宁、厦门、闽海等关，进口之米谷，因各该地民食关系，目前暂予缓行。其余各省之海关，自本年 12 月 16 日，报有进口米谷应即遵照所订税率，实行征税，其由上述未施行征税区域，转运来沪之进口米谷，亦应于到达口岸时，一律照征进口税。"

又征收洋麦进口税训令云：

"案查征收洋麦、面粉、杂粮进口税一案，本部前奉行政院令知，已经立法院议决，海关进口洋麦，征收关税，面粉应增加关税，其税率酌量伸缩，洋麦每担最高征收 1.25 金单位，最低至免税，面粉每担最高征收 2.50 金单位，最低至免税，务乞从速拟具税率，呈核施行等因。遵经由部参酌麦与面粉之趸卖价格，就两项相互间应具之比例，按照立法院议决之税率范围，规定进口小麦，每担征收进口税 0.30 金单位，面粉每担征收进口税 0.75 金单位，此外进口之大麦、荞麦、玉蜀黍、小麦、裸麦及其他杂粮，应一律按从价 10% 征收，均于本月 16 日起，一律照征。"

由上列训令观之，其中有应行商榷者。兹分别说明如下：

（a）洋米征收区域，将粤、闽、桂三省除外，此或别有原因，亦未可知。但如前所述，洋米进口，以南方诸港为最多，今舍粤、闽、桂而不征进口税，其他各关虽征进口税，恐得失不足以相偿。如以民食关系为虑则应设法将湘、鄂、赣、皖之米谷运销于粤、闽以有余补不足，如是方不悖征收进口税之本旨。虽粤、闽已于洋米开征关税以前，设局征税，而据上海市杂粮油饼业，暨豆米行业同业公会，请转饬粤、闽两省征收洋米进口税之电文，粤、闽征税之税率，仅及现行关税 1/3，则向以粤、闽为尾闾之洋米，将益集中于该两省，或先由该两省进口再运输于他省，亦有不及防者。故粤、闽、桂暂行免税一节，应从速取消。

（b）按前述训令所示，洋米进口税，每担征收一金单位谷每担 0.5 金单位，洋麦每担 0.3 金单位，面粉每担 0.75 金单位，是米麦及面粉之课税标准，为从量税（Specific Duties），与大麦、荞麦、玉蜀黍、小米、裸麦及其他杂粮之为从价税（Ad Valorem）者不同。是否适宜？不可不辨。从价税以货物之价格为标准而课之，即货物价格低时，课税较轻，价格高时，课税较重，在施行财政关税时，此法可以适用，至施行保护关税时，则此法有悖乎本来之目的。例如国内米麦丰收，价格大跌此时应增加进口税，以防外国米麦之输入，而按照从价税法，此时课税反轻，是促进外国米麦之输入，益助国内米麦之跌价也。国内米麦歉收，价格大涨，虽政府向以保护为目的。但因粮食不足充国人之需要，势不得不输入外国米麦，以维民食，而按照从价税法，此时课税反重，若非临时变更税率，则有窒碍难行之处，是从价税法，于国内米麦价格腾贵时，有增进其腾贵之效能，殊于消费者不利，于价格跌落时，转其增进其跌落之效能，无以保护生产者。从量税则税额一经规定，在有效期间内，不拘货物价格之高低，不能变更之。故该训令所示，米麦及面粉之课税标准，尚为合理。惟从量税虽有特长，而在通商贸易发达之国，自外国输入之货物，有精焉者，有粗焉者，千差万别，不能统一，即同一种类之货物，亦大有精粗之别，因之货物之重量、容积，决不能与其价格相一致。例如米、麦及面粉之等级，虽不甚多，而亦有上等品、中等品及下等品之分。若一律课以划一的从量税，则下等品虽以税率较重，不易输入，而上等品以税率较轻，转易输入，不惟课税不公平，且使外国上等品，增加其与内国品竞争之机会。故现行之米、麦及面粉之从量税，将来尚须酌分等级，以示其平。至大麦等及其他杂粮，亦应改从价税为从量税，以归一律。

（c）米麦及面粉之现行税率，是否足以举农业保护之实？此为最重要之问题，不可不加以研究。现距米麦关税开征以来，为日尚浅，固不能判定其效果若何，但与外国之谷物关税比较之，即可知其高低之度。试就表 4-1，1932 年，法、德、意之小麦及面粉关税观之，德最高，意大利及法国次之，其间虽互有悬殊，而较之中国现行小麦及面粉之税率，皆相去甚远。兹更进而示伦敦及利物浦之谷物价格，与德国之谷物关税于表 4-4 以明德国谷物关税之高度。

表 4 - 4 [①]

	伦敦及利物浦之谷物价格 (谷物 1 公担 (Quintal) 之价格 以金佛郎 Gold Franc 表之)		德之谷物关税 (谷物 1 公担 (Quintal) 之输入 税以金佛郎表之)	
	1930	1931	1930	1931
小　麦	20.00	12.00	18.52	30.93
黑　麦	17.00		18.52	24.75
大　麦	11.00	11.00	14.8~18.52	24.75
燕　麦	10.50	9.20	14.81	19.75
玉蜀黍	14.00	8.80	3.09	Monopoly

由表 4 - 4 观之，1930 年，德国之小麦输入税，几与伦敦及利物浦之小麦价格相等，1931 年，伦敦及利物浦之小麦价格，更低落，德国之小麦输入税，更增高，且遥超乎小麦价格。其余谷物（除玉蜀黍外）之输入税，皆高出于相当谷物价格之上。返观诸表 3 - 16 所列之法、意谷物关税，亦可见其税率之高。此非德、法、意之妄增关税也，实因 1929 年以来，世界谷物价格大跌，滞货又多，在生产过剩国，皆拟取"以邻为壑"的政策力谋向外推销，苟向为输入国者，不特别提高关税，则其国内谷物市场，将为外国谷物所蹂躏，农业亦难以维持，故不得不出此手段，以预防之。中国谷物关税，尚属创办，国内谷物之生产及消费实况，亦未确知，固不能遽以特别高率之关税，施之于洋米、麦及面粉，以惹起价格之大变化，俾消费者起而大哗。但现行米、麦及面粉之税率，其失之低，已无疑义。以如此类于财政关税之税率，欲保护米麦之生产，吾恐其不可能也。

（d）再就现行税率观之，洋米进口税，每担 1 金单位，谷每担 0.5 金单位，洋麦每担 0.3 金单位，面粉每担 0.75 金单位，即谷税恰居米税之半，麦税不及面粉税之半，税重于米及面粉，而轻于谷及麦，此尚为合理

---

① 《The Agricultural Situation in 1930—1931》第 24 页。

的。但麦税小于谷税，面粉税小于米税，即税重于米谷，而轻于小麦及面粉，制定税则者之用意何在，尚未知之，未敢任意批评。惟默察洋米洋麦与中国米麦之竞争力，由既往而测将来，此种税率，殊嫌其未当。何则：产米之国，即米之消费国，产麦之国，即麦之消费国，此点诚无差异，但产米之国，大都仅敷消费或不足，其有输出能力，足供他国之用者颇鲜。而产麦之国，虽多有不敷消费者，而有输出能力者，亦不少。那须博士尝依据 1930 年之国际农业统计年鉴，计算世界各国小麦（面粉在内）及米之输出额对于生产额之比例，1927 年，小麦为 20%，米为 8%，1928 年，小麦为 18.2%，米为 7.5%，1929 年，小麦为 18.8%，米为 7.1%。由此可见世界米之输出额，对于生产额之比例，不及小麦远甚。即米之输出能力，不及小麦远甚。将来洋麦与华麦之竞争力，较之洋米与华米之竞争力遥大，不难推想而知之。且现在世界，产米国中，米之输出最多者，为印度、印度支那及暹罗。据表 3-6 所示，1925 年至 1929 年间，此三国米输出额之平均数，合计为 1 148 200 万镑，改算为华石仅有 58 284 264 石。假定中国米之消费额，为 50 000 万石，即以此三国之输出米，全输入中国，不过占消费额之 11.6%。至小麦则情形大异，不惟世界小麦之输出额，数倍于米之输出额，且如美国、加拿大、阿根廷、澳大利亚滞货甚多，苏俄近又积极增殖小麦，欲恢复其欧战前之输出地位。而返观诸世界小麦输入国，欧洲本为小麦之大市场，近已采用种种之保护政策，力防其侵入，则小麦输出国，必另觅途径以推销之，中国固未必是其惟一之尾闾，但必须向中国扩充贩路，可毋庸疑。且中国小麦之消费，将来尚可大增，不惟世界小麦输出国，久觊觎中国之小麦市场，即小麦输入国，亦且垂涎及此。蒲罗台尔（F. N. Blundell）尝谓：若中国以小麦代米，则英国植麦者，将恢复其原有地位。[①] 此虽系一种推测之词，而中国容受小麦之潜在力甚大，将来洋麦进口之增加，其可能性亦颇强，得藉此如之。故就现在而论，中国米谷市场，固应力为防护，以免洋米进口之

---

① F. N. Blundell《A New Policy for Agriculture》第 28 页。

增加，而小麦市场，尤宜早加警备，俾不致贻患于未来。所以现行米谷之进口税，虽失之低，而其弊较少，小麦及面粉之进口税，如是其过低，恐将来有噬脐之悔。故小麦之进口税，至少应与米相等，面粉进口税，宜倍之。

或谓：中国小麦，不足敷制粉之用，其差颇大，不宜课以重税，以抑制洋麦之进口。此说似非无理，然中国小麦，纵或不足，而其不足之原因，如前所述，非专为量的问题，而为质的问题，产麦地与制粉地之距离离过远，运输问题，尤有关系。若以现在各地制粉厂原料不足之数为根据，而谓小麦宜从轻课税，此实大误。即退一步而言，中国小麦，确不敷制粉之用，而其不足之程度，比之德、意、法及日本果何如？兹根据1933年，美国农业年鉴，示此等诸国小麦（面粉在内）输出入之状况于表4-5，以资比较。

表 4-5[①]　　　　　　　　　　　　　　　　　　单位：1 000 蒲式耳（Bushels）

	输　　出	输　　入	输入超过
德　国	11.527	85.668	74.141
意大利	2.014	76.212	74.198
法　国	4.170	46.574	42.404
中　国	1.862	23.486	21.624
日　本	5.989	23.158	17.169

备考：输出及输入系 1925—1926 至 1929—1930 之平均数。

由表4-5观之，德、意、法之小麦输入超过额，均较之中国遥多。而查此三国之人口总数，德有 64 776 000 人，意有 41 477 000 人，法有 41 950 000 人，[②] 各远不及中国。而乃有如此巨量之输入超过额，则其小麦不足之程度，较之中国遥高，自可了然。顾如前所述，德、意、法对于小麦及面粉之输入，均课以重税。所以现在中国，小麦即云不足，亦决不能借此为口实，而轻其进口税。日本小麦之输入超过，虽不及中国4/5，而

---

① 《Year-Book of Agriculture 1933》第 417 页。

② 《Statistical Year-Book of the League of Nations，1932—1933》第 22 页。

日本内地人口总数，不及中国 1/7，从人口上比较之，日本小麦不足之程度，实较之中国为高。然征之 1926 年，日本关税之改正案，小麦每 100 日斤，课输入税日币一元，面粉每 100 日斤，课输入税 2.9 元，足见日本小麦及面粉之输入税，亦比之中国现行税率为大。日本本以米为主食，以小麦为副食，而保护小麦之生产若此，中国小麦之应行保护，其重要之度，当远在日本之上。而现行小麦及面粉之税率，顾如是其轻，非所以保护小麦之生产也。

（e）据前训命所述，立法院原议，规定洋米每担最高税率 2.5 金单位，谷 1.5 金单位，洋麦每担最高征收 1.25 金单位，最低至免税，面粉每担最高征收 2.5 金单位，最低至免税。是立法院原议，税率有伸缩之自由，正与平准关税之意暗合。后经财政部改订，得如前所示之税率，将来是否采用立法院原议，施行平准关税，现尚难明言。但谷物平准关税之得失，从前学者间，颇有争议，其赞成之者，谓谷物平准关税，借税率之高低，调节谷物之输入，可以使国内谷物，保持公正价格（Just or Reasonable Price）。反对之者，则谓谷物平准关税，易启投机之弊，生产者及消费者，均蒙不利。此二说各有理由，不能偏废。盖谷物收获，年有丰凶，谷物输入之量，应随以变迁，若以一定之税率，行之于长年月间，恐难调节国内之谷价，故平准关税，原则上当无问题。至其方法如何？应由政府先详察国内谷物之生产与消费之实际状况，并详细调查生产费及家计费，预定一谷物之公正价格，以之为标准，增减谷物之进口税率，俾维持国内价格，至外国产米地之生产费及价格，亦应随事调查，以资比较，如认为国内谷物，差足以自给，或有余，须斟酌情形，课以重税，或禁止输入，万一各地歉收，粮食缺乏，亦应减轻税率，俾便输入，要在当机立断，迅速行之，庶不致为投机者所乘。现在中国谷物关税，尚在试验时期，虽税率过低，已不容疑，而最高及最低税率，可不必预为规定，但能审察各种事情，实行关税自主权，为临时之应急措置，斯亦可矣。

以上所述（a）（b）（c）（d）（e）诸项，皆为中国谷物关税上之重要问题。此外尚有宜注意者，中国米、麦及面粉关税，现行税率虽较轻，尚可逐渐增加，以达其目的。但欲行之有效，持之久远，宜将可以促进米麦进口之原因，设法扫除之。此等原因，前已述其梗概。兹更就米、麦进口，与价格变迁之关系，略论如下：

一商品之市场价格，常依供给及需要之法则（The Law of Supply and Demand），随时与地，变动无常，故需要与供给，为决定价格之基本因子（Basic Factors）。但考察价格之变迁，亦可知需要与供给之状况，中外之同一农产物，在同一市场之竞争力如何？固视种种条件而殊，而一察其价格高低之差额，亦可以表现之。中国粮食品，在市场中，为外国粮食品所压迫，或战胜外国粮食品，概视价格之变动为转移。试先就米论之：

洋米源源而来，其根本原因，前已述及，固不得专从价格关系上说明之。但观其价格关系之如何，已可知洋米与华米之竞争力，并可知洋米进口增减之由来。兹列举上海华洋米价如表 4-6，以示一斑。

表 4-6　上海洋米价格及华米价格之比较（米每担价格以两计）[①]

| 年　份 | 洋 米 | | | | 华 米 | | | | | |
	西贡来	敏当米（安南）	大绞米（安南）	小绞米（安南）	白米高常河下	白元高常河下	白米苏同河下	苏同机梗（苏州）	常河机梗（常熟）	常河机元（常熟）
民国 15 年	9.537	9.615	8.444	9.017	11.749	11.707	11.247	11.360	12.144	11.873
民国 16 年	7.708	9.261	8.075	8.639	11.747	10.706	10.629	10.585	11.749	10.716
民国 17 年	9.268	7.306	6.660	7.229	8.617	9.500	7.924	7.977	8.627	9.509
民国 18 年	9.198	8.753	8.174	8.661	10.476	12.082	9.593	9.591	10.478	12.075
民国 19 年	10.933	10.329	9.434	10.627	13.466	12.512	12.065	12.066	13.425	12.514
民国 20 年	9.045	8.351	7.584	8.203				9.116	10.213	9.478
民国 21 年	7.450	6.983	6.050	6.629				8.488	9.607	9.808

备考：各种米之价格系每年各月趸售市价之平均数。

再据表 4-6，计算各种洋米及华米之平均价格，及其差额，并示差额指数，及全国洋米进口指数如表 4-7，以资讨论。

---

① 中国银行经济研究室编《中国最近物价统计图表》第 1~10 页。

表 4 - 7

年　份	洋米平均价格	华米平均价格	华米价格高于洋米价格之差额	差额指数	洋米进口指数
民国 15 年	9.153	11.680	2.527	100	100
民国 16 年	8.421	11.024	2.603	103	112.78
民国 17 年	7.616	8.692	1.076	42.58	67.67
民国 18 年	8.697	10.716	2.019	79.89	57.86
民国 19 年	10.181	12.679	2.498	98.81	106.35
民国 20 年	8.297	9.602	1.305	40.95	57.43
民国 21 年	6.778	9.304	2.526	99.98	120.74

备考：全国洋米进口指数系根据表 3-2 所示洋米进口担数计算，以民国 15 年为基年。

由表 4-7 观之，历年洋米之平均价格，较华米之平均价格为低，故洋米之竞争力大，其进口自然容易。虽洋米与华米之种类互殊，品质大异，不得专以华洋价格之高低，说明洋米进口之增减，但比较华米平均价格，与洋米平均价格之差额，可以知洋米进口之数量，确受价格变迁之影响。盖洋米之平均价格，低于华米之平均价格，其差额增加时，洋米进口之数量应增加，差额减少时，洋米进口之数量减少。按之表 4-7，华洋米价之差额指数，与洋米进口指数，虽不能为精密的正比例，而其趋向大抵相符。例如民国 16 年之差额指数增加，洋米进口指数亦增加，民国 17 年差额指数大减，进口指数亦大减，民国 18 年差额指数较民国 17 年增加，而进口指数减少，此似反乎常轨，然其差额指数及进口指数，均比之民国 15 及民国 16 年遥低，故此点尚非矛盾。至民国 19 年比之民国 18 年，差额指数增加，进口指数亦增加，民国 20 年比之民国 19 年，差额指数大减，进口指数亦大减，民国 21 年比之民国 20 年，差额指数大增，进口指数亦大增。由此足证华洋米价差额之大小，与洋米进口数量之多少，确有密切关系。

更就表 4-7 观察之，可知洋米进口之增减，不得单从洋米价格，或华米价格之一方推定之，要比较双方之价格变动，始可明其真相。例如民国 16 年，华米平均价格，比之民国 15 年，每担减少 0.656 两，而洋米则每担减少 0.732 两，即华米价格虽稍跌，而洋米价格亦跌，故洋米之进口增加。民国 17 年，洋米之平均价格，较之民国 16 年，每担减少 0.805 两，而华米则每担减少 2.332 两，即洋米价格虽跌落，而华米跌落更大，故洋米进口大减。民国 19 年，洋米每担价格，比之民国 18 年，增加 1.484 两，而华米则每担增加 1.959 两，即洋米价格虽上升，而华米价格上升之度更大，故洋米进口大增。民国 20 年，洋米每担价格，比之民国 19 年，减少 1.884 两，华米每担减少 3.073 两，即洋米价格虽跌落，而华米跌落更甚，故洋米进口大减。民国 21 年，华米每担价格，比之民国 20 年减少 0.298 两，洋米每担减少 1.519 两，即华米价格虽稍减，而洋米跌落更甚，故洋米进口大增。由此等事实观之，洋米价格虽跌落，而有时进口反减少，洋米价格虽上升，而有时进口反增加，其故可以了然明矣。以是益知华洋米价差额指数，与洋米进口指数之关系，至为密切。

表 4-6 所示，系指上海华洋米价而言，似不足代表全国，但上海为中国之商业中心，又为米之集散地，其米价之变迁，往往影响于内地。且查历年海关贸易册，大抵上海洋米进口增加之年，全国洋米进口亦增加，上海洋米进口减少之年，全国洋米进口亦减少。故以上海华洋米价之差额指数，与全国洋米进口指数，相提并论，当无大误。

至小麦价格与小麦进口数量有若何关系，亦不可不一一考察之，兹先示上海洋麦价格与华麦价格如表 4-8。

表 4-8　上海洋麦价格与华麦价格之比较（小麦每担价格以两计）[1]

年份	小麦 1 号（美）	小麦二号（美）	小麦 1 号（加拿大）	小麦二号（加拿大）	小麦火车货（津浦线）	小　麦（汉口）
民国 16 年			5.171	5.021	4.614	4.432
民国 17 年	4.821	4.631			4.243	4.076
民国 18 年	4.904	4.704	4.704	4.504	4.293	4.161
民国 19 年	5.523	5.323	5.323	5.123	4.934	4.665

①　中国银行经济研究室编《中国最近物价统计图表》第 2～16 页。

（续）

年份	小麦1号 （美）	小麦二号 （美）	小麦1号 （加拿大）	小麦二号 （加拿大）	小麦火车货 （津浦线）	小　麦 （汉口）
民国20年	4.554	4.379	4.379	4.179	4.066	3.744
民国21年	4.160	3.952	4.016	3.810	3.618	3.442

备考：各种小麦价格系每年各月趸售市价之平均数。

依表4-8，计算各种洋麦与华麦之平均价格，及其差额，并示差额指数及全国洋麦进口指数于表4-9，以资比较。

表4-9

年　份	洋麦平均价格	华麦平均价格	洋麦价格高于 华麦价格之差额	差额指数	洋麦进口指数
民国16年	5.096	4.523	0.573	100	100
民国17年	4.726	4.170	0.556	97	57
民国18年	4.704	4.227	0.477	83.3	328.2
民国19年	5.323	4.800	0.523	91.3	163.4
民国20年	4.373	3.905	0.468	81.7	1 341.5
民国21年	4.985	3.530	0.455	79.4	892.5

备考：洋麦进口指数系根据表3-13小麦进口担数计算，以民国16年为基年。

由表4-8、表4-9观之，可见华麦与洋麦间之价格关系，与华米与洋米间之价格关系，颇有不同之点，即洋米之上海市价，概较华米之上海市价为低（参阅表4-6），而洋麦之上海市价，概较华麦之上海市价为高，似洋麦对于华麦之竞争力，不及洋米对于华米之竞争力矣。然近十余年来，洋麦进口增加之趋势，不让于洋米，或且过之。则何以故？盖洋米之能与华米竞争者，不在其质之较优，而在其价之较廉。例如上海，需要最大者为粳米，洋米品质，逊于粳米，上海居民，生活程度较高者，不喜用洋米，而在贫民，则以粳米价高，洋米价低，多舍粳米而取洋米，即种植粳米之农民，亦且出卖自产之米，而转购洋米以博微利。[①] 此种现象，各省皆有之，粤闽诸省无论已，北部诸省，近年自外输入之米，华米较

---

① 上海商业储蓄银行调查部编《米》第15页。

少，洋米较多，征之海关贸易册，民国18年至民国20年间，天津之华米进口，少则30余万担，多则不过60余万担，洋米进口，则有100余万担。胶州之华米进口，不过数万担，而洋米进口，则有十余万担。此或因中部诸省之米，不足充北部诸省之用，亦未可知，外而自省输入之米价较高，自外国输入之米价较廉，确有以致之。洋米在中国市场，能与华米抗衡，而深入内地者，即在乎此。至洋麦所以能压倒华麦者，则不在其价之低，而在其质之优。中国所以需要洋麦者，以其为麦面粉之原料也。假定中国现在，机制面粉事业未发达，则洋麦无输入之必要，盖土磨面粉，今仍用华麦为原料也。又假定华麦品质，堪与洋麦争衡，或驾而上之，则虽机制面粉事业，业已发展，当不至如上海面粉厂，厌弃华麦而欢迎洋麦，即华麦有时不足，亦不至输入大量之洋麦。而事实上，仰给于洋麦之趋势，日益显著者，以华麦质较劣，洋麦质较优也。顾华麦之品种不一，其优良者常有之。例如山东小麦及北满小麦，制粉之生产率颇高是也。而普通华麦品质不及洋麦者，非必华麦之品种本劣，而因其调制上之粗率，及贩运上之作伪，遂至夹杂物多，色泽暗滞，虽原为良种，亦大减其制粉上之价值，至品种在中等以下者，更无论矣。洋麦则因其栽培及收获之方法改良，调制及装运，又甚注意，故其产品，较华麦为优，出粉既多，麸皮又少，[①]虽其市价稍高于华麦，而从制粉效率上论之，与其购价低而质不佳之华麦，不若购价高而质优良之洋麦，较为经济的，是洋麦表面上价虽昂，而实际上则价尚廉也。况洋麦与华麦之价格差额，不如洋米与华米之价格差额之大，其差额指数，变迁颇少，不如华米与洋米之差额指数，移动无常。此洋麦所以源源而来，不易防止也。

　　洋米市价，低于华米，洋麦市价，高于华米，既如前述。从理论上言之，洋米与华米之差额指数愈高，洋米进口愈多，差额指数愈低，洋米进口愈少；小麦则反乎是，差额指数愈少，洋麦进口应愈多，差额指数愈大，洋麦进口应愈少。洋米进口之多少，虽未能与差额指数之高低，恰相

---

① 上海商业储蓄银行调查部编《米麦及面粉》第5页。

符合，而其趋向概为一致，前已论之矣。小麦果何如？据表 4-9 观之，除民国 20 年，因政府购入大量之美麦，应当别论外，各年中惟民国 17 年与前之假定不符，其各年差额指数与进口指数之关系，虽不甚明确，而此二者取相反之方向，尚与假定相合。但小麦之价格差额指数，虽有变动，距离不远，而进口指数，则相差颇大，此则视中国需要洋麦之程度而殊。顾中国对于洋麦之需要既增，则洋麦之市价，自应昂进，而事实上无甚变化者，以近数年来，洋麦在世界市场，价格大跌故耳。然自 1929 年后，美国小麦及加拿大小麦，在其本国市场之价格指数，低落甚速而大（参阅表 3-9），而观之表 4-8，美国小麦及加拿大小麦之上海市价，虽自民国 20 年起，渐次下落，而远不如在其本国市场之猛跌，此则汇价之关系使然也。幸而前数年间，银价尚未昂进耳。否则洋麦进口，必更多矣。更观之民国 20 年及民国 21 年，华麦之平均价格跌落，而洋麦跌落稍大，故民国 21 年之洋麦进口数量，为民国 20 年来之最高记录（民国 20 年因购入美麦关系，应视为例外）。故就此而言，小麦之价格差额指数，与进口指数，亦有相当之关系。更进而比较上海华洋面粉之价格如表 4-10。

表 4-10　上海洋粉价格与华粉价格之比较①

（面粉每袋价格以两计每袋 49 磅）

年份	洋　　粉		华　　粉			洋粉平均价格	华粉平均价格	华粉价格高或低于洋粉价格之差额
	红日当空牌（美）	金钟牌（加拿大）	茂新缘兵船牌（无锡）	阜丰老车牌（上海）	申大双马牌（上海）			
民国 16 年	2.354		2.346	2.356	2.328	2.345	2.343	−0.0011
民国 17 年	2.168	2.148	2.213	2.213	2.198	2.158	2.208	0.050
民国 18 年	2.266	2.218	2.271	2.272	2.246	2.242	2.263	0.021
民国 19 年	2.486	2.433	2.481	2.481	2.459	2.459	2.440	−0.019
民国 20 年	2.136	2.082	2.149	2.149	2.128	2.109	2.142	0.033
民国 21 年	1.952	1.914	1.960	1.960	1.939	1.933	1.953	0.020

备考：各种洋粉及华粉价格系每年各月上海趸售市价之平均数。

由表 4-10 观之，华粉与洋粉之价格差额，不论其为正或为负，均甚微小，故洋粉进口之多少，似与其价格，无大关系。然华粉之平均价格，

---

① 中国银行经济研究室编《中国最近物价统计图表》第 17～21 页。

惟民国 16 年及民国 19 年，比之洋粉之平均价格稍低，其余各年均略高。洋粉所以能侵入中国市场者，正由于此。但华粉与洋粉之价格差额，远不如华米与洋米价格差额之大。洋粉进口，自民元以来，惟民国 18 年达于 1 100 余万担，其余各年，少则数十万担，多亦不过数百万担，不如洋米进口，屡达于 1 000 万担或 2 000 万担以上，非无故也。虽小麦为原料，面粉为制品，中国近年，既输入 1 000 余万担之洋麦，似不应再输入数百万担之洋粉，而事实上不如此者，其理由已于第三章第二节说明之，不要赘论。所宜注意者，洋粉之生产费及搬运费，较华粉为低，而其品质又标准化，其对于华粉之竞争力自强。倘中国面粉工业，不从速力求改善，以谋抵制，吾想洋粉进口，后将益增矣。

要而论之，洋米质逊于华米，而其价较低，洋麦价高于华麦，而其质优良，价虽昂而实廉，洋粉则价廉而物美。故此三者，在中国市场，均处于有利之地位，彼之利，即我之不利，我欲转不利为有利，实以运用关税政策为最便。然征收相当之关税，固可加重外国米麦及面粉之成本，令其在价格上转处于不利之地位，而若不设法，减少自产米麦及面粉之成本，并增加其生产，则当米或麦或面粉缺乏时，彼将乘机而入，提高其价格，转嫁其所纳之关税于我国消费者。例如现在，小麦每担征收 0.3 金单位之关税，在洋麦固增其负担，而华麦设不减轻其成本，或加重焉，则关税即失其效用矣。所以欲发挥谷物关税之机能，须厉行次列事项：即①国内米麦及面粉，绝对的自由流通。②苛捐杂税，一律扫除净尽。③贩卖组织，从速改良。④农业金融机关，及农业仓库，广为设立是也。否则流通不自由，湘、鄂、赣、皖诸省，虽有余粮，而不能补粤、闽诸省米之缺乏。北方产麦之区，不能供给上海及其他地方粉厂之用，或苛杂不除，运销多阻，成本加重，贩路益狭，则虽施行米麦关税，而外国米麦，仍可与中国米麦竞争，甚或米麦总量，虽或有余，而因此盈彼绌，不相调剂，致通商大埠，仍乞灵于外国米麦。若猝遇凶年，政府迫于人民之呼吁，减轻或豁免关税，后虽欲恢复原有之税率，亦将难能矣。此则最宜注意者也。

第五章　粮食统制问题

近来经济统制（Economic Control），或计划经济（Planned Economy），盛行于世。中国亦传播其说，思欲仿而行之，所谓棉花统制委员会，及蚕丝统制委员会者，相继成立。粮食统制之呼声，亦曾喧腾一时，而今则阒焉无闻。此非粮食统制之不可行，乃因粮食统制，所关至巨，非可鲁莽从事也。

粮食统制（Food Control）之政策，欧战时，各交战国曾励行之，战后相继废止。近年以来，世界各国，复有对于粮食品之生产，消费及其价格，采用统制政策者。顾其所行方法，大抵视各国之经济情形及农业状况而殊。兹不遑缕述，惟就其主要之点，分别说明之。

第一节　价格统制问题

粮食之价格统制（Price Control），为粮食统制之精髓。盖谷贱伤农，谷贵伤民，非调节之，俾得其平，不足以言统制也。顾粮食价格统制之方法，因国而殊，即在同一国内，亦因时而异。兹示数例于下，以供参考。

英国粮食之大部分，向仰给于其殖民地及外国，故粮食政策，不甚措意。至近数年间世界小麦之价格惨落，英国农民之种植小麦者，益陷于绝境，因之小麦之栽培面积，更形减少。而欧洲诸国，农业政策，群以经济的自给及独立（Economic Self-sufficiency and Independence）为目标，英国虽素以商工立国主义为金科玉律，而鉴于世界经济之趋势，逐放弃其历史的传统政策，请求农业振兴之方法，以行农产物之国家统制。1932 年 5 月小麦法（Wheat Act）之制定，即其明证也。

英国小麦法之目的，在为英国内小麦生产者，设定确实之市场，保证有利之价格（Remunerative Price），不要由政府直接给以补助金，亦不至促进小麦之过量生产。[①] 该法适用于英格兰、苏格兰及北爱尔兰。执行该法所规定之计划者，为小麦委员会（The Wheat Commission），该委员会受农务大臣之监督，而得于法律范围之内，独立行动，其重要职务，在对于小麦生产者，支付"不足补偿金"（Deficiency Payment），发行小麦证明书（Wheat Certificates），并管理小麦基金（Wheat Fund）。此基金由制粉商人及小麦粉输入商人所缴纳之加工税（Processing Tax）而成。所谓比额的缴款（Quota Payment）者是也。至不足补偿金，如何计算？小麦之标准价格（Standard Price），定为每一夸特（Quarter）为四五先令，小麦之平均价格（Average Price），则由政府于谷物年度（Cercal Year）（始于8月1日终于翌年7月31日）之终决定之，农民所得受取之不足补偿金，即基于此两种价格之差额计算之。其金额之多少，视农民之小麦出卖数量定之，但农民往往发生误解，以为不足补偿金，当为个人实际上之贩卖价格与标准价格之差额也。而实则不然。假定平均价格为25先令，（甲）农民以24先令之价格出卖小麦，则彼所受取之补偿金，非为21先令，而为20先令；（乙）农民以30先令之价格出卖小麦，则彼所受取之补偿金，非为15先令，而为20先令，因小麦之标准价格，定为45先令故也。如此（甲）与（乙）所得之补偿金，虽同为20先令，而在实际上，填补损失之额则不同，似不公平。然欲计算各个人之贩卖价格与标准价格之差额，分别给以补偿金，事大繁琐，势实难能。故只得公定平均价格，求其与标准价格之差额，以计算不足补偿金。所以平均价格，非至谷物年度之终，不能确定。农民亦非至此时，不能请求补偿金。但政府为体恤农民起见，得由小麦委员会对于农民酌贷补偿金之一部。

农民之栽培小麦者，欲得不足补偿金，须先向小麦委员会登记，不登

---

① 《Planned Economy and Agriculture》载于《Monthly Bulletin of Agr. Econ. and Sociology》No. 1 January 1934，第40页。

记者，无请求补偿金之权利也。且该法规定之小麦，为国产的制粉用小麦（Home‐grown Wheat of Millable Quality）。可见补偿金之支付，非对于一切小麦行之，惟制粉用小麦，始有此权利。又所谓制粉用小麦者，其品质应合乎法律之规定，且须卖于制粉商人者，方为合格。即农民出卖小麦时，应先向"公认商人"（Authorized Merchant）请求小麦证明书，凡小麦之贩卖数量价格，年月日，卖买双方之姓名，及小麦合于法定制粉用之意旨，均须列记于证明书。此公认商人，由小麦委员会指定之，散处于全国各地，如农民不服公认商人之判断时，得控诉之于地方小麦委员会，但地方小麦委员会之决定不得再变更之。

比额的缴款，系按照小麦粉每袋（280 磅）征收 2 先令 3 便士，即以之充小麦基金之用，而给于农民之不足补偿金，即由此基金而出。政府为确定比额的缴款之总数计，不得不先估计制粉用小麦之供给量，定一限度。如小麦之实际购买量，超于此限度，则不足补偿金，按其比例减少之。盖不足补偿金之总额，若不加以限制，恐小麦之生产过剩，价格不易维持，将欲增加比额的缴款，则消费者负担过重。小麦之供给量，暂定以 600 万夸特（Quarters）为限。

与小麦委员会相辅而行者，尚有一种机关，即制粉者组合（The Flour Millers' Corporation）是也。此组合管理制粉者比额基金（The Millers' Quota Fund）。依农林大臣之命令，于谷物年度之终，购买尚未出售之制粉用小麦，以是年小麦预定供给量之 1/8 为限。此即为小麦生产者保留其确实之市场也。[①]

如此英国小麦法之目的，在为生产者保证其价格，并予以确实之市场，而其费用，则由制粉商人及小麦粉输入商人征集之。虽消费者不免间接负担，而据小麦委员会委员长之声明，比额的缴款，于面包之价格，无大影响云。[②]故英国小麦法，大有利于生产者，而于消费者仍无害，可称

---

① 《The Agricultural Situation in 1931—1932》第 164 页。
② 第 23 卷第 5 号《帝国农会报》第 76 页。

为粮食价格统制之一良法。

美国农产物之价格调节策，近年颇努力进行而于小麦及棉花为尤著。美国 1923 年，过剩农产物统制法（The Agricultural Surplus Control Bill），已为议会之重大问题，虽通过两院，而大总统否决之。至 1929 年，农产物贩卖法（The Agricultural Marketing Act）始成立，依此法设立联邦农务局（The Federal Farm Board）于中央。其目的在谋农产物价格之安定，其方法则在①抑制投机；②改善分配方法；③令生产者组成适当之团体；④对于农民个人及合作社之贩卖事业，融通资金，且设特别经理处（Special Agencies）为之斡旋；⑤统制过剩农产物，以防价格之大变动。兹惟就小麦之价格调节策略述之：

1929 年 10 月末，联邦农务局，以维持小麦价格之目的，贷与资金于合作社，当时该局以为价格之下落，由于市场滞货之过多，故使合作社融通资金于社员，令其于价格未上升时，勿出卖其产品。嗣以效果未著，采用小麦顾问委员会（The Wheat Advisory Committee）之建议，于 1930 年 2 月，设立谷物安定公司（The Grain Stabilization Corporation）。[1] 是年 2 月至 5 月间，该公司购买小麦，以维持价格，其量颇巨，虽已出卖其一部分，而至 6 月末，该公司尚积存小麦 6 000 万蒲式耳。嗣新收之小麦，出现于市场，价格大落，是年苏俄小麦输出之突增，亦与有力焉。至 10 月 10 日，芝加哥之 12 月期货，达于 28 年来之最低价，该公司复收买小麦，以防农民之仓皇出卖（Panicky Selling），俾国内价格不至惨落。据该局主席斯东氏（Mr. Stone）之所说，此举颇有效果，若不收买，恐价格更跌，不惟农民受累益深，数百处之银行，亦将破产云。征之实际，美国小麦之国内价格。因此次收买，每蒲式耳较之世界价格，高 25 美分（Cents），可以证明之。乃未几而联邦农务局，改变其政策，谷减少小麦之栽培面积，至 1931 年 5 月末，逐停止小麦之收买。此由于该局收买之后，

---

[1] 《Government Measures of Farm Relief》载于《The Agricultural Situation in 1930—1931》第 207 页。

不敢大量出卖，因之滞货加多，仓库无容受之余地，而资金又将告罄也。

美国联邦农务局之最初目的，原在依金融政策，谋贩卖之统制，以维持农产物之价格，而卒不克如其所预期者，因 1929 年之农产物贩卖法，以美国之通常状态为标准而计划之，自世界恐慌猝发，从前所视为最有效之价格调节策，不能充分发挥其机能。且价格虽下落，而政府既融通资金，复行收买，反足助长其生产。故联邦农务局，虽拥有 5 亿之美金，而对于继续增收之小麦，遂失其调节能力，此非其初料所能及也。

最近日本之米谷统制法，亦颇有意义。兹述其概要如下：

日本去年^①公布之米谷统制法，^②自米谷法修正而成，而米谷法实导源于中国常平仓制度。盖在 1921 年以前，日本米谷问题，时常发生，迄无解决之法。至是年，始制定米谷法，其要旨在米谷价格下落或过剩时，由政府收买而贮藏之，米谷价格腾贵或不足时，由政府出卖其贮藏之米谷，以调节价格，并以调节数量之过不足。此即常平仓之遗意。行之十余年，颇有效，然于价格及数量之调节机能，仍未充分发挥之。论议百出，莫知所终，至去年^③，乃制定米谷统制法。其要点如下：

（a）该法之目的，在使政府于适当时期，收买米或出卖之，调节米谷之数量及价格，以行米谷之统制。

（b）政府每年公定米谷之最低价格及最高价格，公布之。最低价格，参酌米谷生产费物价及其他经济事情定之；最高价格，参酌家计费、物价及其他经济事情定之。定最低价格者，是保护生产者之意，定最高价格者，是保护消费者之意。

（c）政府为维持公定之最低及最高价格计，如有向政府申请，愿以最低价格出售者，政府须无限收买之，俾米价不至降于最低价格以下；如有向政府申请，愿以最高价格购入者，政府须尽量出卖之，俾米价不至升于最高价格以上。如是可以调节米价，令其常在最低及最高之范围内，生产

---

① ③ 1933 年——编者注

② 第 20 卷第 5 号《帝国农会报》第 11 至 17 页。

者及消费者，均免受经济上之痛苦，此与米谷法相异之要点。盖依米谷法之规定，政府先设标准价格，米价腾贵超于标准价格以上，或低落至于标准价格以下时，始得出卖或收买之，而出卖或收买与否，听政府之自由。且其时卖买价格，概依时价，统制米价之力较弱。而米谷统制法，则政府为维持公定价格计，须应购入或出售之请求，不论时价之如何，以最高价格或最低价格卖买之。故此法统制米价之力，较米谷法为强。

（d）政府为调节米谷之数量计，新谷登场之后，市场过剩时，得于最低价格以上收买之，俟市场米谷减少时，得出卖之。即所以调节米谷之季节的价格也。

（e）米谷之输入或输出，除有特别勅令外，非受政府之许可，不得行之。

（f）政府为米谷统制，认为必要时，得指定期间，制限粟、高粱及黍之输入。

如上所述，可见日本米谷统制法之要旨，在调节米谷之数量及价格，俾维持生产与消费之均衡，其立法之精神，颇与常平仓之原则暗合。而其效果何如？去年[①]日本米谷丰收，供给过剩，政府初以为拥有巨额资金，可充收买之用，一年间收买数量，约为600万日石。不料去冬米价跌落，政府开始收买后，请求出售者纷至，今年[②]三月末，其数已超于970万日石，且政府虽公定最低价格，收买米谷，不加限制。但因手续繁重，农民急欲获得现金，不愿售之政府，而愿于最低价格以下，售之商人，商人反坐收其利。政府亦颇以不堪负担为虑，而无法善其后。于是谈补救之策者纷起，如栽培面积减少案，米移出管理案，及米谷专卖案，今尚在讨议中也。

由上所述，英国之小麦价格保证法，美国之小麦价格调节策，及日本之米谷价格调节策，虽方法互殊，而其以国家之力，统制价格，则无不同。惟某种农产物，在国际贸易上，有极重要之关系；而且有极重大之范围者，倘专恃一国以谋价格之调节，其势万不可能。故非依国际的协定，

---

① 1933 年——编者注
② 1934 年——编者注

以调节其价格不可。例如小麦为各国之重要粮食品，亦为各国之重要商品，若非经国际协定，恐价格难望其安定。此小麦会议（The Wheat Conference）所以发生也。兹略述之，以供研究之资料。

小麦问题，久为世界问题之一，而各国代表，集合讨论此问题者，以罗马小麦会议（Rome Wheat Conference）① 为最先。此会议于 1931 年 3 月 26 日开会，欧洲、亚洲、中美、南美、加拿大、澳洲、非洲之小麦输入国家及输出国，均有政府代表出席。足见此会议含有世界性（World Character）。美国虽无政府代表出席，而有专家数人参加会议，颇发表重要之意见。本会议先由专家委员会（The Committee of Experts）提出草案，其议题凡三种，即如下：

（1）小麦生产及贸易之国际的组织（International Organization of Wheat Production and of Wheat Trade）。

（2）国际农业信用（International Agricultural Credit）。

（3）特惠关税（Preferential Tariffs）。

本会议依此等议题，分为三组，特别研究之，所得结果，于 4 月 2 日，由大会议决之。撮叙要点如下：

（A）关于第一议题者

（a）小麦消费国，应研究扩充消费之方法；（b）欧洲诸国，因经济的社会的或政治的理由，不能放弃小麦之栽培；（c）如某国认为小麦生产之减少为可行，应于生产者间，用教育的宣传（Educational Propaganda），以鼓吹之；（d）欲解决小麦恐慌问题，须改良小麦市场之组织，而如滞货之处理，尤为必要；（e）各国于小麦生产及贸易之范围内，所有一切计划，国际农业协会及国联经济团体（The Economic Organization of the League of Nations），应赞助之，以期取一致行动；（f）世界小麦生产及贸易组织，能否改良，概视各国之报告及统计，能否改良为断，此点应共同努力。

---

① 《International Action in Connection with Agriculture》载于《The Agricultural Situation in 1930—1931》第 84、87 页。

（B）关于第 2 议题者

（a）本会议认为农业信用机关，可以改良农业之一般状态，尤可打胜谷物恐慌（Grain Crisis）；（b）国联金融委员会（The Financial Committee of the League of Nations），已筹设国际抵当信用机关（The International Mortgage Credit Institution），希望其速行成立，供给中期及长期信用于各国农民，并可借此设立仓库（Elevators）、地下室（Silos）及合作的堆栈（Cooperative Warehouses），并组织贩卖谷物及其他农产物之合作社。至于农民非地主者，可利用中期信用，彼等虽乏抵当物，亦可提出别种有效的担保品。如农产物之保管证（Warrants），作物之留置权（Liens on Crops），保证人（Sureties），或相互保证（Joint and Several Guarantees）是也；（c）在现在经济恐慌之下，短期信用尤为必要，各国政府应从速奖励此种信用，而欲求各国农业短期信用之发展，尤须亟谋国际间资金之流通。

（C）关于第 3 议题者

因 1930 年 10 月第二次经济协调会议（The Second Conference for Concerted Economic Action），在日内瓦（Geneva）开会，其委员会报告之附录中，曾提及特惠关税问题，罗马会议，即依此特设一委员会研究之，因多数重要小麦输出国代表有异议，尚无具体方案。

如此罗马之小麦会议，建议颇多，果能准此实行，当可为小麦恐慌之一种治疗法。但此会议，于小麦输出额之如何分配，及滞货之如何处理，尚无确实办法。于是依加拿大代表之提议，由欧洲及欧洲以外之小麦输出国，先行协商，而伦敦小麦会议（The London Wheat Conference），遂于 1931 年 5 月 18 日召集矣。[①]

伦敦会议，出席者为美国、阿根廷、澳大利亚、加拿大、匈牙利、印度、波兰、罗马尼亚、南拉夫、保加利亚及苏俄之代表，加拿大代表（Hon George Hovord Ferguaon）被选为主席。其开会词颇精辟，大致谓：

---

① 《The Agricultural Situation in 1930—1931》第 88～90 页。

小麦之栽培，在人类之生存及享乐上，万不可缺，因之农业必须维持。欲维持小麦栽培，有两种根本原则：即①小麦须应消费者之要求而无缺，②小麦生产者，获得合理的价格（Reasonable Price）。欲研究此世界问题，可分为二种标题：①处理各国之现存滞货；②改良将来过剩小麦之分配法云。本会议之主要目的，在使各输出国间订立一种协定（Agreement），以谋输出之调节，但欲为欧洲以外之输出国，定一分配制度（Quota System），颇为困难，苏俄要求恢复其欧战前第一输出国之地位，尤足使此问题不易解决。而美国联邦农务局及加拿大小麦联合公司（The Canada Wheat Pool），滞货甚多，亦足为此协定之障碍。嗣波兰代表，提议设一国际机关，研究 1931 至 1932 年间各国小麦之基础的输出分配额（Basis Export Quotas），但美国反对输出分配，而赞成栽培面积之减少（Restriction of Acreage），苏俄则以本国小麦需要增加之理由，反对栽培面积之减少，而欲以其欧战前之输出地位为标准，修正输出分配法，并排斥局部的特惠协约（Regional Preferential Arrangements）。似此意见两歧，殊难得一共同之点。其结果仅决定置一永久评议委员会（A Permanent Consultative Committee），以策进行。然本会议所提出之输出统制（Export Control），除美国反对，加拿大取冷静态度外，其余出席各国代表，已赞成之矣。①

　　自伦敦会议闭幕后，世界恐慌，日以加甚，小麦问题，暂置勿论，去年②世界经济会议未开会前，美国、加拿大、阿根廷、澳大利亚之专家。先于日内瓦开会，协议小麦问题。以为将来小麦会议之准备。此四国意见颇接近，以为小麦输出国，固应通力合作，输入国尤宜取共同行动，庶可解决此问题。嗣世界经济会议，虽讨论小麦问题，而无结果。乃于 8 月 21 日，再开会于伦敦，讨论数日，而小麦协定（The Wheat Agreement）以成。③举其要点如下：①小麦输出国，（苏俄及多瑙河诸国在内）允于

---

① 《The London Wheat，Conference World Agriculture》第 234 页。

② 1933 年。——编者注

③ 《Monthly Bulletin of Agricultural Economics and Sociology》，January 1934，第 43 页。

1934 年，输出总额，至多以56 000万蒲式耳（英）为限，惟在此总额中，苏俄可占若干，尚未协定，但有不出5 000万蒲式耳之谅解；②输出国允于 1934 年及 1935 年，减少产额 15％，但苏俄及多瑙河诸国不在内；③输入国附加声明书一件，大致谓输入国不利用输出国减少产额之机会，奖励麦田之增加，并允采取扩充消费之种种方法，并于麦价充分稳定时，减轻关税云。

小麦协定，为小麦输入国与输出国之一种规约。而原来小麦输入国与输出国，利害不能一致，输入国近年以世界麦价下落，输出国又力谋倾销，恐自国小麦之生产，大受打击，粮食前途，益形严重，故高筑关税壁垒，以防外国小麦之侵入。而在输出国，则以贩路日隘，滞货愈多，小麦问题，更难解决，故不得已承认输出额与产额之减少，以冀输入国之减轻关税，其目的在恢复小麦市场，似与粮食问题无关。然小麦为世界最重要之粮食，输出国允减少其输出额及产额者，仅为一时权宜之计，一俟时机转换，仍当恢复生产，增加输出，以维持其国际粮食贸易上之地位。故小麦协定，与世界粮食问题，至有关系。

中国自古以来，素以民食为政策之中心，而其法良意美，为中外所称许，至今未衰者，莫如常平仓制度。此制度创始于汉宣帝时，其原则不外谷贱则籴谷贵则粜。汉大司农中丞耿寿昌奏疏中有云："今边郡皆筑仓，以谷贱时增其价而籴以利农，谷贵时减价而粜，名曰常平仓。"即此足见常平仓之精义矣。然当时耿寿昌所创议之常平仓，注重在充实边圉，设立甫十年而废止。隋唐及宋初，虽有义仓制度，而流弊颇多，无裨于农。宋真宗景德 3 年，广设常平仓，特设司农寺主其事，嗣青苗法兴，而常平仓复废。南宋时，社仓颇盛行，此本为地方人民之自动的组织，诚为善法，而以主其事者，倚公以行私，或官司移用而不还，或迫纳息米而未尝豁免，甚或拘催无异正赋，良法美意，荡焉无存。明代虽有常平仓，无足称者。清初颇知积储之重要，顺治 17 年，定常平仓籴粜之法，康熙 18 年，令地方官整理常平仓，每岁劝谕官绅士民，捐输米谷，照例议叙，乡村立社仓，市镇立义仓，而以官吏奉行不力，弊实丛生，乾隆时，各省仓储，已形匮乏，或贮银而不贮谷，或名存而实亡。乾隆 57 年之上谕，有云："各省仓廪，不能足数收储，此皆由不肖官吏，平日任意侵挪亏缺，甚或借出陈易新为名，勒买勒卖，短期克扣，其弊不一而足"。此虽寥寥数语，已将仓储之积弊，描写无遗。自太平天国亡后，各省逐为仓厫荒废，积钱而不积谷，光绪戊戌变法后，乃并钱而亦无存，饥荒之来，遂失所备，2000 余年之常平制度，顿归于尽矣。①

要而论之，常平仓创于汉，废于清末，虽其间迭有兴革，而尚不至于沦亡。第以历朝政策，专在备荒，名虽官办，而不肯出国帑以扩充仓储，但劝导绅民输谷，虽有应之者，而其数无多。重以官吏侵渔，弊端百出，本为善政，转以累民，整理无从，遂以渐灭，殊可惜也。然常平仓立法之精神，历古今而不磨，而其有调节粮食价格之力，亦不容疑。但欲充分发挥其机能，非由国家经营之不可。盖在都市经济时代，各地方以自给为主，尚无组织的商业，一地方能设一常平仓，善为运用，即可调节该地方粮食之价格。今则情形与昔大殊，交通便利，商贩盛行，一地方之粮食价格，易为他地方之粮食价格所左右，倘某地方有常平仓，而他地方无之，则在谷价飞涨时，该地方尚可开仓平粜，以压低谷价，而在谷价下落时，该地方虽欲收储以提高谷价，而他地方谷物源源而来，无法以应之，常平仓辄失其效用。故欲实行常平仓制度，至少应以一省为单位，择主要县份广设之，并宜打破省界，通盘筹划，调剂盈虚，务求周到而敏捷。如是方可调节粮食之价格。若仅由民间自行经营，或地方政府分别设立，而无中央机关以统制之，恐常平仓徒有其名而无其实，故常平仓以国营为至要。

粮食价格之所以发生变动者，源于数量之过不足，故价格统制，须从数量统制着手。即市场数量过多时，价格跌落，应从市场中取去其相当之数量，数量不足时，价格腾贵，应供给相当之数量于市场，此为一定之原则。常平仓之谷贱则籴，谷贵则粜，亦即此意。但应于何时取去或供给之，仍须视价格之变迁情形决定之。国家不统制粮食则已，既欲统制粮

---

① 冯柳堂著《中国历代民食政策史》。

食，每年应详察生产与消费之状况，公定一最低价格及最高价格，示之准绳，价格下于最低点时，政府应以公定最低价格收买之，价格达到最高点时，政府应以较低之价格出售之，但无论如何，不得超于最高价格。最高价格，应参照粮食价格指数与物价指数之关系决定之，最低价格，则须以生产费为基础，并参酌粮食价格指数与物价指数之关系决定之。但生产费如何评定，为最重要之问题，生产费评定之高低，影响于最低价格之高低，最低价格规定过低时，无以保护生产者，过高时，政府益重其负担。然最低价格，本为保护生产者而设，与其失之低，宁以失之高为妥。中国将来，如行粮食统制，须基此原则行之，所难言者，资金问题耳。试就米言之，假定每石米之最低价格，公定为 10 元，政府收买米以 2 000 万担为度（若充分收买决不止此数），当需资金 2 万万元，仓储及其他费用，尚不在内也。若米价腾贵，超于最高价格以上，此时政府应将其所有米谷，于最高价格以下出售之，万一仓库无积，谷或不足，而国内又难供给之，则不得已向海外购米，转卖之消费者，但此时不论洋米买价之如何，政府出售之价，不得越乎公定之最高价格，所有损失，应由政府负担。要而论之，政府欲统制米谷及其他粮食之价格，须有充分准备之资金，并须有负担损失之觉悟，而后可实行。否则统制粮食，而不谋价格之统制，则其统制无意义，谋价格之统制，而无可以调节价格之资金，为之后援，是缘木而求鱼也。

第二节　生产统制问题

欲行价格之统制，应先行数量之统制，前已述之矣。愿欲统制数量，须有永久之计划，政府之收买粮食或出卖之，固足调节其价格，然若国内所有粮食，不足或过剩，别无解决之方，则应从根本上谋生产上之统制。生产统制，得分为二种：①为生产之促进（Stimulation of Production）；②为生产之限制（Limitation of Production）。兹先就前者举例说明之：

以法西斯蒂政体（Fascist Regime）治国之意大利，统制经济运动，颇为显著，即就农业政策而言，亦有惹人注意者。盖意大利人口之密度颇大，而移民之出路又小，每年输入大量之谷物及肉类，以养其人民及军队，并输入种种原料品，以供工业之用。近年政府变更政策，以为工业原料品势须仰给于外国，而食料则务求自给，乃确立农业计划，以国家全力励行之，小麦运动（The Wheat Campaign）[①] 其著例也。小麦运动，创始于 1925 年，其目的不在扩充小麦之栽培面积，而在增加每公顷之产量。其方法则在奖励化学肥料、优良品种及农业机械之使用，改良小麦之栽培方法，复设立示范场（Demonstration Stations），达于 35 000 处以上。1931—1932 年间，开全国小麦竞赛会（The National Competition for the Wheat Victory），凡农民之栽培小麦，比之附近农场，每公顷举最大之收量者，及能施用适量之肥料，而合于科学之方法，又施用小麦之优良品种者，均给以奖金，其额达于 230 万里拉（Liras）。1932—1933 年间，又开小麦比赛会，奖金亦支出 200 万里拉。1930 年，创设小麦摩托车队（Wheat Motor Team），游历各地方，广布宣传的印刷品，劝导农民，使用小麦早熟种（Early Varieties of Wheat）及化学肥料，并改良土地。

执行小麦运动之计划者，为永久小麦委员会（The Permanent Wheat Committee）。该委员会，系依 1925 年 7 月 4 日之法律设立之，1931 年 6 月，该委员会因世界小麦状况变迁，拟定三种方策，以维持国内之小麦市场，俾生产者得有利之价格。即①购入国产小麦 50 万公担（Quintals），以供军队之用；②推广农业金融，令农民以其生产物为抵押借款，以防小麦收成后之价格跌落；③令面粉厂须用国产小麦 95%，此外复提高小麦关税，以防外国品之侵入。该委员会又于 1932 年 10 月，开第 2 次全国小麦展览会（The Second National Wheat Show）于罗马，以资观摩。

小麦运动，如此积极进行，其成绩甚为显著。在欧战前 6 年间，（1909 年至 1914 年）小麦每年平均产额，为 4 900万公担（Quintals），每

---

① 《The Agricultural Situation in 1930—1931》第 167 页。

公顷平均收量，为 10.3 公担（Quintal），1920 至 1925 年间，每年平均产额，为 5 100 公担（Quintals），每公顷平均收量，为 11 公担（Quintals），1926 至 1931 年间，因小麦运动，迭见成效，每年平均产额，增至 6 200 万公担（Quintals），每公顷平均收量，增至 12.7 公担（Quintals），1931 年，每公顷平均收量，复达于 13.8 公担（Quintals），1932 年，更达于 15.2 公担（Quintals）。如此小麦对于一定面积之收量大增，故小麦之输入量，为之锐减。1930 年之最后 6 月间，小麦输入量，尚在 1 000 万公担（Quintals）以上，而 1931 年之同期间，仅有 139 万公担（Quintals）云。

从前意大利小麦之生产，不敷消费，为数颇巨，故举行小麦运动，以期增加国产品，抵制外国品，此所以有面包战争（The Battle of Bread）之名也。[①] 而其政府不惜国帑，树立远大计划，其粮食政策，诚有足多者。至其目的不在扩充小麦之栽培面积，而在增加每单位面积之收量，尤为生产统制上之一特色。

苏俄为社会主义国家，统制经济之发展，恐世界各国，无出其右者，即就农业统制而言，其计划之伟大，组织之周密，罕与伦比，征之五年计划中之农业改造方策，当可了然。[②] 惟苏俄之农业统制，先在改造农业组织，俾农业为社会化，以增加生产，而于粮食之生产，尤加注意。盖俄国在欧战前，为农产物之输出国，而其原因，非在土地生产力之发展，达于高度，而在多数小农，牺牲其生活必需物，出卖之市场。[③] 自欧战发生后，俄国农产物之生产大减，输出亦就于衰，嗣虽力图挽救，而在 1930 年前，尚未完全恢复，谷物问题（Grain Problem），于以发生。据斯丹林（J. Stalin）之所说，若以 1913 年之谷物面积为 100，则 1926 年至 1927 年之谷物面积，为 96.9％，1927 至 28 年，为 94.7％，1928 至 1929 年，为 98.2％，1929 至 1930 年，为 105.1％，以 1913 年之谷物粗生产为 100，

---

① 《World Agriculture》第 144 页。

② Joan Beauchamp，B. A. 《Agriculture in Soviet Russia》Chapter Ⅳ：The Five Year Plan in it Relation to Agriculture，第 93～116 页。

③ A. J. Gayster 《The Reconstruction of Agriculture in the Soviet Union》Proceedings of the International Conference of Agricultural Economists，第 350 页。

则 1927 年为 91.9％，1928 年为 90.8％，1929 年为 94.4％，1930 年为 110％，而就粗生产中之贩卖部分观之，以 1913 年为 100，则 1927 年为 37％，1928 年为 36.8％，1929 年为 58％，1930 年约为 73％，是谷物之栽培面积及粗生产虽已达于战前之水准，而粗生产中之贩卖部分尚相差在 25％以上。[①] 故谷物问题在各种农业问题中，最为重要，欲解此问题，须先扫除农业上之诸种障碍物，供给以牵曳机（Tractors）及其他农业机械由科学的工作者（Scientific Workers）指导之，以增加劳力之生产力（Productivity of Labour）及商业的效果（Commercial Effectiveness），不如是不能解决谷物问题也。但此非零碎的个别的小农场之力所能实现，此非因小农场不能使用新技术，而因其不能充分发挥劳动之生产力，并不能充分发挥农业上之商业的效果，故惟有组织大农场，供给以近代技术云。[②] 苏俄之农业五年计划（自 1928 年 10 月至 1933 年 10 月），设立大规模之国营农场（State Farming）推广集团[③]农业组织（Collective Farming Organisation）而使农业机械化者，即所以统制农业，并借以解决谷物问题也。

苏俄自实行五年计划后，作物之栽培面积大增，谷物输出亦猛进。即 1929 年之作物总面积，为 11 800 余万公顷，1930 年为 12 200 余万公顷，1931 年为13 600余万公顷，1932 年，为13 700万公顷。[④] 各种谷物之输出数量，1929 年，小麦仅有 1 吨，黑麦有1 133吨，大麦有158 512吨，燕麦有7 854吨，玉蜀黍有10 623吨；1930 年，小麦输出一跃而有2 530 935吨，黑麦增至645 632吨，大麦增至1 181 407吨，燕麦增至352 520吨，玉蜀黍增至53 633吨；1931 年，小麦输出2 498 958吨，黑麦1 108 825吨，大麦963 870吨，燕麦387 053吨，玉蜀黍96 964吨。[⑤] 由此以观，1931 年，小麦及大麦输出，虽因旱灾关系，比之 1930 年减少，而较之 1929 年，则已大

---

① J. Stalin《Building Collective Farms》第 146～148 页。

② Ibid，第 151 页。

③ 今译为集体。——编者注

④《The Agricultural Situation in 1931—1932》第 497 页。

⑤ Ibid，第 505 页。

增。其余谷物之输出，均逐年增加。可见苏俄之农业统制，其目的在增进生产，不惟借以充分供给国内之粮食，并谋大量之输出。故苏俄之农业生产统制，其及于世界粮食市场之影响颇大。

以上所述，意大利之小麦运动，及苏俄之农业五年计划，皆为促进生产之统制法。然生产统制，须与价格统制相辅而行。在农产物之供给不足时，自应以促进生产为政策之中心，而别谋调节价格之道，至农产物之供给过剩时，虽可由政府收买，以提高价格，而以财政的关系，恐不易实行，即一时能实行，而在某年，虽得收储过剩农产物，以防市价之下落，而翌年若为同一之生产，或增加之，则需要不变时，势不得不再收买而保管之。如是收买之资金，既须充裕，保管亦须相当之费用，继续行之，损失必不赀。故某年自市场收储过剩农产物，而尚无法出售时，翌年若不设法限制生产，则其已经收储之农产物，实穷于处理，而价格调节之目的，终不能达。农产物之价格调节策，以生产限制为其最后手段者，实为不得已之举。美国之小麦面积减少案，即其例也。

美国于1930年，设立谷物安定公司，收买小麦，以维持价格，嗣因行之无效，1931年5月，遂中止小麦之收买，前既述之矣。惟已经收买之小麦，不易出售，进退维谷，联邦农务局，乃于是年秋，出售1 500万蒲式耳于中国，复以2 500万蒲式耳之小麦，与巴西之127.5万袋（Bags）之咖啡交换，继又卖750万蒲式耳于德国小麦运销公司（The German Wheat-marketing Company）联邦农务局，复以救济目的，照市价分配小麦于失业者，其付款用现金或延欠，悉听自便。1932年3月，胡佛总统，采上下两院之联合建议，准许颁布政府所有小麦于美国红十字社及其他机关以救济贫民，并充家畜饲料之用。[①]

美国既极力设法处理政府有之小麦，复特设金融机关，以救济农民，即1932年1月，颁布建设金融公司法（The Reconstruction Finance Corporation Act）。该法之目的，虽在以金融政策，维持各种产业，而据该法

---

① 《The Agricultural Situation in 1931—1932》第228页。

第二条之规定，该公司之资金 5 亿美金中，应划拨 5 000 万美金于农务部长，以充农民借款之用。该公司复依 1932 年 7 月所颁布之紧急救济及建设法（The Emergency Relief and Construction Act），扩张其权能，即根据该法，该公司得对于过剩农产物之运销，融通资金。[①] 如此美国政府积极的救济农业之恐慌，宜可达其目的矣。而在实际上，农产物价格跌落如故，农民穷困，益以深刻。据斐雪尔（T. Fisher）之说，近时美国农民之穷迫实在吾人之想象以上，非诬言也。于是美国政府，计无所出，不得不着手于减少面积之运动矣。

先是联邦农务局设立以来，一方谋价格之统制，他方又宣传减少面积之必要，但美国农民，富于传统的个人主义之思想，美国联邦宪法，亦保障农民之自由，若欲强制其减少面积，势实难能。且农民不惟不减少面积，更欲增加生产，以弥补其因价格下落所生之损失。此政府之农产物价格调节策，所以终于失败也。[②] 故欲使农民实行减少面积，非补偿其损失不可，于是农业调整法（The Agricultural Adjustment Act），遂以制定矣。[③] 该法于 1933 年 5 月 12 日，通过于国会，其内容含有：①本质的农业调整法（The Agricultural Adjustment Act Proper）；②紧急的农场抵当法（The Emergency Farm Mortgage Act）；③关于大总统施行通货膨胀（Inflation）之条例。但该法之基础，在于农业之调整。农业之调整法，固以农业之一般调整及救济为目的，而其关于减少面积之事项，特设农业调整局管理之。据该法之规定，对于小麦、棉花、玉蜀黍、豚、米、烟草、牛乳及牛酪之生产减少，给以补偿金，棉花及其他农产物之如何减产，兹不具论。就小麦言之，1934 年度，小麦面积依伦敦小麦协定减少 15%，其补偿金，定为每蒲式耳 28 美分，补偿金之总额，预计在 1 亿美金以上，至补偿金之来源，为对于农产物之加工者所课之加工税（Processing Tax），加工税税率，由农务部长适宜之，其计算之原则，以农产

---

① Ibid，第 229 页。

② 第九卷第六号《经济往来》第 414 页。

③ 《Monthly Bulletin of Agricultural Economics and Sociology》，January 1934，第 39 页。

物之现在平均农场价格（Current Average Farm Price），与其公平的交换价值（Fair Exchange Value）之差额为标准。所谓公平的交换价值者，指1909 年至 1914 年间，农产物对于农业必需品之购买力而言。1933 年 5 月中旬，农民所购入之农业必需品，其价格已达于欧战前之平均数，准此计算小麦之公平的交换价值每蒲式耳应为 88.4 美分。但 1933 年 6 月 15 日，小麦之农场平均价格仅有 60 美分，故其差额为 28.4 美分，小麦之加工税率，即以此为标准，定为每蒲式耳 30 美分，自 7 月 9 日，向制粉商人征收之。此即小麦面积减少办法之大概情形也。

美国减少面积之政策，其目的在用补偿方法，俾农民自动的减少面积，制限生产，以期提高价格，恢复农产物价格与一般商品价格之均衡。至其效果如何现虽尚难断言，而就小麦言之，1932 年 12 月，小麦之平均价格，为每蒲式耳 43 美分，1933 年 10 月，达于 84 美分，1934 年 1 月，更升至 87 美分。[①] 此虽非完全由于减少面积之效用。而减少面积为其主因之一，已可无疑。此后美国小麦，或继续减产，或渐次恢复原状，应视种种事情而殊，此亦为极堪注目之一事。

日本原为米谷缺乏之国，从前每年自外国输入米谷，其量颇巨，自欧战后，米价腾贵，稻作益趋于集约，政府复采用粮食自给政策，如耕地整理及开垦助成，极力推行，并确立朝鲜产米增殖计划，投下巨额资本，逐年实施之，于是米谷遇过剩之事实，遂以发生。据日本“米谷要览”之所载，以 1912 至 1916 年间，米谷生产之平均数为标准而计算之，1932 年，日本内地，稻作面积，增加 7.2%，生产量增加 11.1%，朝鲜稻作面积，增加 11.4%，生产量增加 27.9%，中国台湾稻作面积，增加 36.5%，生产量增加 88.7%。再以 1912 至 1916 年间，朝鲜米及中国台湾米之移入内地数量为标准而计算之，1932 年，朝鲜米增至 7.55 倍，中国台湾米增至3.34 倍，即对于日本内地米谷供给量之比例，朝鲜米自 1.6% 达于9.48%，中国台湾米自 1.32% 达于 4.40%。由是观之，日本内地米谷之

---

① 第九卷第六号《经济往来》第 416 页。

栽培面积及生产量，虽有增加，而日本内地米谷供给之过剩，实以朝鲜米及中国台湾米移入之激增，为其最大原因。去年①日本政府实行米谷统制法，原欲以调节米谷之价格，而其结果尚难解决米谷之过剩问题。于是减少面积之议纷起，农林部遂提出减少面积案，其分配之比例如表5-1。

表 5-1

	面积减少率 （％）	减少面积 （町步）	生产减少率 （％）	减少生产量 （日石）
日本内地	4.4	137 500	4.4	2 750 000
朝鲜	10.0	165 000	10.0	1 650 000
中国台湾	30.0	58 000	24.0	700 000

备考：日本一町步等于16.14亩。

上之议案，因拓务部及殖民地当局之激烈反对，未至实行。然日本诸学者，对于此问题，今尚热心讨论，冀得一米谷生产统制之方策，以期解决米价问题，此亦可注意之事也。

如上所述，粮食的生产统制，得分为①生产之促进，与②生产之限制，且各举例以明之矣。就现在中国粮食生产而言，应采取①之法，毋庸赘言。盖中国与美国异，美国为粮食输出国，即仅就小麦而言，自1925—1926年至1925—1930年间之平均输出额，有17 000万蒲式耳。②中国则如前所述，近十余年来，洋米洋麦之进口，为数颇巨，虽在平常年份，若国内米麦绝对的自由流通，粮食差足自给，或去自给之域不远，而中国天灾人祸，常不绝发生，一遇凶年，辄有饿莩载道之感。故美国可行生产限制之政策，而中国则决不能语此。中国又与日本异，就米而言，日本颇有米谷过剩之现象，而中国米虽有自给之可能性，而就目前情形而论，尚难完全自给，东三省本为小麦增殖最有望之地方，米谷增殖，亦属可能，而今则为日人所占据，不知何日可以收回？故日本可以有米谷生产限制之议，而中国势所有难能。所以中国若行生产统制，非以生产促进为

---

① 1933年——编者注
② 《Year Book of Agriculture 1933》第417页。

目标不可。惟欲促进生产，应增加粮食作物之栽培面积，或不要增加栽培面积，而但求增加单位面积之收量，如意大利小麦运动之所为，此二者中，任择其一或兼行之，亦一问题也。试略论之：

现在中国农业之集约度（Intensity）尚低，虽各地方中，已有达于劳力的集约者，而从大体上论之，去资本的集约之域尚远。[①] 故中国土地之生产力，尚未充分利用之，即就粮食作物之单位面积粗收益而言，亦可知其大概。卜凯教授（T. L. Buck）尝就中国 7 省 17 地方 2 866 个农场，计算主要作物每公顷之平均产量，以之与各国比较，兹节录其结果如表 5-2。

表 5-2[②]

一、小麦 ［单位公担（Quintal）］									
丹麦	33.1	比利时	25.3	英本国	21.2	日本	13.5	法国	13.1
美国	9.9	中国	9.7	印度	8.1	阿根廷	6.2	俄国（欧洲部）	3.9
二、米 ［单位公担（Quintal）］									
日本	30.7	中国	25.6	美国	16.8	阿根廷	16.8	印度	16.5
三、玉蜀黍 ［单位公担（Quintal）］									
美国	16.3	意大利	15.8	阿根廷	13.8	罗马尼亚	13.1	中国	7.5

由表 5-2 观之，中国小麦每公顷之产量，虽较多于阿根廷、印度及俄国而尚在美国之下，其视丹麦比利时，不逮远甚。卜凯教授以为：中国小麦之栽培法，比之美国稍为集约，而其产量殆与美国相同者，或因美国之气候适于小麦，较胜于中国。此说似为近理。然日本气候对于小麦之栽培，决非胜于中国，原日本小麦每公顷之产量，反较中国为多，可见中国小麦产量之少，非全由于气候关系。盖中国小麦之栽培法，虽较美国稍为集约，而比之日本，尚不逮也。中国米每公顷之产量，虽遥多于美国、阿根廷及印度，而尚不及日本。中国产米之区，大抵在扬子江流域、珠江流域及长江流域，此等流域地方，气候土质之适于稻作，较之日本，有过之

---

① 许璇著《农业经济学》（未刊本）。
② J. L. Buck《Chinese Farm Economy》第 208 页。

无不及焉。卜凯教授亦谓：日本之气候土质，未必胜于中国，而中国每公顷之米产量，不及日本者，盖由于日本稻之栽培法，较为集约也。中国玉蜀黍之每公顷产量，亦远不如人。由此等事实观之，可见中国之土地生产力，尚未充分利用。至其所以未能充分利用之原因，固不止一端，而其主要者，大抵为①作物品种之未改良；②肥料用量之不足，或施肥方法之未当；③农具之笨拙；④病虫害防除法之未讲；⑤水利之不修，或排水灌溉设备之不完全。凡此诸事，皆足阻土地生产力增进，他如农业金融之未发达，农村教育之未实施，交通不便，运输之困难，及农产物贩卖之毫无组织，亦直接或间接影响于土地之利用法。是以现在中国土地之生产力，尚绰有余裕，倘能将上述诸端，改善而实施之，则虽农民所投之劳力及资本稍有增加，而土地收益，必可大增。就令集约昂进，不免为收益渐减法则（Law of Diminishing Returns）所支配，而生产技术及经济事情，苟已改良，亦足中止收益渐减法则之作用，或缓和之。由此可见中国农业尚未达耕作集约之限界（Margin of Intensive Cultivation），并可推定中国之粮食生产，大有增加之余地。

至于粮食之生产，将来可增至如何程度？应视种种事情而殊，殊难预言。然以外国之成绩，测中国之将来，亦可推知其大概。就米而言，日本米之单位面积收量，其初颇小，后因栽培法趋于集约，收量渐增，1892年至1896年间，一反步一年平均收量，为1 421日石，1901年至1905年间，平均收量，为1 525日石，[①] 即每一反步约增收一日斗。今将此数换算为对于中国一亩之斗数，约1斗6合（日本一反步等于1.614 157中亩，日本1斗，等于1.7 420 637中斗）。近来日本米之每反步收量，更有增加，1925年至1929年间之一反步平均收量，为1.87日石。[②] 若将此数与1901年至1905年间之平均收量相较，每反步约增收3.45日斗，换算为对于中国一亩之斗数，应得3.72斗。若再与1892年至1896年间之平均收量相

---

① 日本米谷统计。
② 东亚经济调查局刊《日本米之需给》第41页。

较，每反步约增收 4.49 日斗，换算为对于中国一亩之斗数应得 4.85 斗。如前所述，我国产米之区，气候土质之适于稻作，较诸日本，有过之无不及焉。若能将土地改良及耕种法改良之事，次第举行，则中国米之增收，其成绩或在日本之上，今姑以日本米之增收量为标准，假定每亩增收 4.85 斗，则各省稻田，应共增收若干石？据《中国农业概况估计》之所记，中国籼、粳稻及糯稻之面积，其有 283 546 038 亩，若每亩得增收 4.85 斗，则总计可增加 137 519 828 石。今姑且退一步而言，假定每亩增收 3.72 斗，则总计可增加 105 479 126 石。再退一步而言，假定每亩增收 1.06 斗，则总计可增加 30 055 880 石。故中国稻田，若能如日本稻田，逐渐改良，则多则可增收 1 万万石以上，少亦可增收 3 000 万石以上。

就小麦言之，意大利自开始小麦运动以来，小麦之产额大增，已如前述。而 1920 年至 1925 年间，每年每公顷平均收量为 11 公担（Quintals），1926 年至 1931 年间，每公顷平均收量为 12.7 公担（Quintals），即后 5 年之平均收量，较之前 5 年，增加 1.7 公担（Quintals）。今将此数换算为对于中国一亩之斤数，得 17.49 斤（1 公顷等于 16.275 亩，1 公担（Quintals）等于 167.5 552 斤）。又意大利 1931 年及 1932 年，小麦每公顷之平均收量为 14.5 公担（Quintals），改算为对于中国 1 亩之斤数，得 36 斤。中国小麦之栽培法，较之稻作为粗放，苟加改良，其增收之余地颇多。且中国产麦之区气候土质之适于麦作，决不让于意大利。据《中国农业概况估计》，中国小麦面积，共有 342 795 000 亩，今以意大利小麦之增收量为标准，假定每亩增收 36 斤，则总计共增加 123 440 479 担（1 担以 100 斤计）。即退一步而言，假定每亩增收 17.49 斤，则总计亦可增加 59 954 845 担。故中国若能仿意大利之小麦运动，积极行之，则小麦增收量，多则可达于 1 万万担以上，少亦在 6 000 万担左右。就杂粮言之，亦得以同一方法，证明其大有增收之望，兹不暇论，即仅就米与小麦论之，其增收量可达于巨额，决无疑义。盖日本能增加米之单位面积收量，意大利能增加小麦之单位面积收量，而谓中国不能之，无是理也。

以上所述，系就米及小麦之现在面积为标准而计算之，而其可以增收之量，已如是其大。所在中国稻田及麦田，虽不扩充面积，而但就现在所有之栽培面积，积极改良，不惟不待洋米洋麦之供给，且可以其有余输出之外国矣。即令人口增加，而若稻麦增殖计划，逐年实施，亦当足以自给，况杂粮可以增收之量，尚不鲜耶。且如第 2 章第 2 节所述，中国耕地面积，扩充之余地尚多，粮食之生产，亦可大增，故现在中国，应审察各省区之农业状况，与自然的及经济的事情，确定一永久计划，一面就现在粮食作物面积，施以技术的改良及经济的援助，一面振兴垦务，扩充粮食作物面积，果若是，则虽将来人口增加，或国民生活程度之上进，而国内粮食之供给，无不敷需要之虞，可断言也。要在生产统制，政府能善行之耳。惟欲统制生产，须先详查各种粮食之生产消费及贸易状况，善为设计，定一长期之计划，循序而进，庶克有成。否则今日主张稻作应改良或扩充面积，明日主张麦作改良或扩充面积，漫无成算，任意进行，偶有龃龉，辄行中止，循此以往，百年不成矣。更有宜注意者，粮食生产之增加，固为目前急务，而生产增加之后，产物应如何分配，价格应如何调节，亦当考虑及之。例如欧战后，美国农业力求合理化（Rationalization），生产大增，近因世界恐慌，小麦过剩，乃劝导农民减少面积，日本前因内地产米不足，极力奖励殖民地米之增殖，以期自给，近则惟恐殖民地米之移入，而尚无法解决之，且有减少面积之议，此固由于经济事情之变迁，乃发生此种矛盾现象，中国苟慎之于始，适应环境，善厥措施，或不至蹈于覆辙，然欲统制生产，宜就现在及将来，统为筹划而后可，否则必失败矣。

第三节　输入统制问题

粮食之输入统制即指粮食输入，由政府监督或管理而言。如第四章第二节所述之输入限额制（Import Quota System），输入独占制（Import Monopolies）及输入特许制（Import License），虽方法各殊，而其统制粮食输入，则目的大抵相同。从前中国对于米麦及其他粮食之进口，悉听其自由输入，绝不加以限制，去年①虽已施行谷物关税；而尚不足副农业保护之旨，前已屡述之矣。且中国备荒救灾之举，虽自古视为要政，而往往为临渴掘井之救灾，不为未雨绸缪之备荒，一遇凶年，辄仓皇失措，惟乞援于外国米麦，以稍纾粮食恐慌之忧，此种现象，今尚如此。例如民国18年秋，各地因水旱虫灾，凶荒迭至，上海米价，虽当新谷登场之际，曾一次跌落，而不久即上升，民国19年初，复继续增高，米商遂相继定购洋米，计自一月期至六月期交货，前后几及1 000万担。② 民国18年各地歉收，上海及其附近各县，为维持民食计，固不得不仰给于洋米，然若国内米谷能自由流通，上海亦不至需要洋米如此之巨，而是时各省防谷令甚严，江苏省政府亦禁米出省，上海为特别市，不在苏省行政区域以内，若照苏省禁运出境办法，严格执行，则上海将不得苏省各县米之接济，就令可以接济，而各县四乡之米，沿途经过查验机关，处处以护照为口实，恣意诛求，农民不敢运米上市，因之米市周转不灵，上海亦感米粮之缺乏，故上海社会局，有撤销苏省禁出境办法之请求。③ 由是足见民国19年上海之输入大宗洋米，亦由于内地米粮之不流通。而是年7月下旬，皖、赣各省，新谷登场，收量甚丰，以前上海订购之洋米，复陆续而来，征之民国19年上海粳米及籼米之每月平均价格表，粳米6月达于最高峰，每石20.05元，嗣渐低下，至10月跌至14.45元，11月及12月，复跌至13.56元及11.84元，籼米亦有同一之现象。④ 此固由于内地米谷之丰收，而洋米之输入过多，亦有以促成之。又如民国20年东南大水灾，政府及人民，均以民食为虑。是时九一八事变未起，国人颇有主张输运东三省杂粮，以备救济灾民之用者，而政府迫不及待，早向美国购入大宗小麦，上海商人，以为灾荒之后，米价必有加无已，又相率输入洋米，以期坐收厚利。不料民国21年稻谷丰收，上海洋米积储尚富，遂致米价大跌，酿成谷贱伤

---

① 1933年——编者注
② 上海市粮食委员会编《上海民食问题》第210页。
③ 上海市粮食委员会编《上海民食问题》第254页。
④ 上海市粮食委员会编《上海民食问题》第149页，153页。

农之局势，至今年[1]上半季，而仍未恢复。乃自今夏霉天不雨，气候酷热，6 月下旬，旱象发生，于是米价上腾，上海米商，又以争购洋米闻矣。

洋米可以济华米之穷，而决不可于华米尚未告乏之时，任意输入，以破坏粮食自给之方针，此为理之显而易见者。而观之今年[2]7 月以来，上海米商之活动，颇有足令人怀疑者，当 7 月初旬，气候亢旱，内地河港干涸，运输困难致米价飞涨，上海豆米业同业公会，即开会讨论抑平米价办法，并提议由各米行直接派员赴产米各区运米来沪，[3] 其意固甚善也。乃不数日，而米业公会，有采办洋米 50 万石之决议，[4] 并有进口免税之运动，殊可怪也。上海米粮，向由无锡、常熟、苏州、嘉兴、松江、嘉善、青浦、江阴、常州、宜兴、溧阳等处所供给，而近两年来，上列各地均丰收，存谷较往年为多，据废历端阳所得估计，上列各地存谷总数，有 120 万石，现虽减少，尚在 70 万石以上，足敷新米上市前之食用。[5] 是上海米之来源，尚未匮乏，无采办洋米之必要，了然明矣。即使旱灾延续酿成大荒，而其事尚在将来。据上海社会局吴桓如君之谈，恐慌时期，当在明年青黄不接之际，年内可保持常态云，[6] 米粮恐慌，能否待至明年青黄不接之时，固未敢预定，但现在尚未至米粮恐慌时期，可以断言。而上海米商，竞以订购洋米为事，各省政府亦有筹集款项定购洋米之议，果何为耶。

农产物之需要及供给，均乏于弹性（Elasticity）而于谷物为尤然，关于此点，鄂波来因（G. O. Brien）言之颇详。[7] 谷物为主要食料，而吾入对于谷物之欲望，有一定分量，谷价下落时，需要适可而止，不能因谷贱而特别多食，以至于饱死，谷价腾贵时，苟非有相当之食物，足以代之，亦不能因谷贵而特别少食以至于饿死。在谷物之供给过多时，欲即时减少其供给量，固非易事，供给不足时，欲即时增加其供给量，亦属难能。谷

---

① ② 1934 年——编者注
③ 《申报》7 月 12 日。
④ 《申报》7 月 16 日。
⑤ 《申报》7 月 17 日。
⑥ 《申报》8 月 13 日。
⑦ G. O. Brien《Agricultural Economics》第 20～33 页。

物有此特性，故其供给苟稍有过不足，即可惹起价格之大变动，谷物之供给过多或不足时，其价格之下落或腾贵，每超于其过多或不足之程度。此种事实，往往有之，谷物卖买上投机之易行，职是故也。最近上海之米价昂腾，亦不外此理。当 7 月间，上海之米，本可设法自给，即令苏浙各省，旱象已见，而缺米之虞，在将来而不在现在，米价虽因此上升，然亦不应自每石 10 元左右，不半月而米至十三四元。此固由于内地河道淤塞，四乡之米，不能运至镇市，而米商及囤户，屯积居奇，抬高价格利用社会的心理之弱点，大肆其投机行动，确为其主因。盖去年①收获之米，早已离农民之手，而入于米商及囤户之仓廪中，米商及囤户，果有抑平米价之诚意，能出其积储，供市场之流通，米价当不致飞涨若此，而米商及囤户，惟利是图，以为旱灾是一好机会，乘此时机，大事收买，彼固以为预行积谷，以备将来凶荒之需也。孰知其意在操纵，图获厚利，米价愈高，收买愈多，出售愈少耶。

米商不惟订购洋米，且进而为进口免税之运动，更令人怪讶不已。假定华米业已告罄，洋米之价又高，则豁免进口税，招之使来，亦为不得已之举。而今果何如？据豆米业公会主席之谈，"仰光方面，当有余米出口，且价格较廉，按目前市价，大概为 10 元左右，较之现在我国米价，约廉二三元，故如有此项洋米进口，米价必可抑平"。②是洋米之价，既遥低于上海米价，上海米价渐升，洋米自然源源而来，何必减少进口税或豁免之，以益促其输入。7 月中旬，洋商之经营粮食进出口者，初向外交部要求减半征税，嗣虽未蒙准许，而各洋商以近日米价高涨不已，输入洋米，虽照纳关税，仍为有利，达孚洋行，已电西贡订购一千吨来华，由各大米行全部认销，以每石 10.1 元成交。即此足证洋米不免税，已恐其输入过多，若再免税，则洋米更滔滔流入，民国 21 年秋之现象，将复见于将来矣。观之上海杂粮业呈请当局制止订购洋米之文，③是洋米且无订购之必

---

① 1933 年——编者注
② 《申报》7 月 18 日。
③ 《申报》7 月 24 日。

要，遑论免税耶。我国谷物关税各界人士讨论十余年，至去年[①]12月始见诸实行，然已嫌其失之轻，设再破坏之粮食生产之前途宁有望耶？幸而此次免税之要求，政府未为其所动耳，但将来难保不再有此议，故特论及之。

更有不能已于言者，本年7月以来，上海米价高至13元以上，比之上半年米价，诚可谓之暴涨。然较诸民国19年7月及8月之米价（民国19年7月粳米每石19.61元，籼米每石18.53元，8月粳米每石19.11元，籼米每石16.70元），相差尚远。是最近米价，并不为高，不过比之前数月，高至三四元，遂大声疾呼，以为飞涨耳。米之最高价格及最低价格，本应由政府公定之，但此非先调查各种家计费及生产费，不能决定。而现在此种调查资料，非常缺乏，势有难行。惟近两年来，米价之低，在生产费以下，故谷贱伤农之声喧腾于世，即现在米价高至13元，是否足偿生产费，虽无精确的统计可证明之，而据顾复君之研究，上海米价，以自14元至16元间是为适当。[②] 此说固未必适合于各地米价，但就上海而言，13元之米价，宁失之低，决不得谓之高，不过青黄不接之时，农家米谷，早已售尽，所食之米，尚须购入，故此时米价暴腾，于消费者及生产者均有害，上海社会局之限价，暂定为13元，意或在此。但早稻登场后，似应设法维持米价，俾农民稍纾前数年谷贱之苦。否则仅以去年[③]米价为标准，而谓米价不应高出13元以上，则是米价大跌时，农民已不胜其累，米价上升时，又速抑制之，是专为消费者着想，而不为生产者稍留余地也。谷贱伤农，言犹在耳，不于此时，速公定一最高价格及最低价格，俾消费者与生产者均得其平，则消费者永免谷贵之累，固为善策，而生产者永受谷贱之苦，宁得谓之公允耶。且生产者若永受谷贱之苦，则农民将放弃稻田，而别植他种作物，恐将来米粮渐减，恐消费者终难免谷贵之害。凡一国之社会政策及经营政策，宜树百年之大计，决不可仅顾目前，而为"头痛医头，脚痛医脚"之办法。所以近来米商纷纷订购洋米，

---

① ③ 1933 年——编者注
② 《上海民食问题》第82页。

其以抑平米价为词，固足博社会之同情，而若输入过多，贻祸未来，亟宜制止之，至进口免税之举，现在尚非其时，更不俟言矣。即令政府将来准许免税，消费者亦未必有利。盖华米价格增高时，洋米价格当随之上腾，洋米既在米商手中，欲求其以免税所得之利益，公之于社会，恐事实上不可能，徒饱彼辈之私囊已耳。且米谷关税之增高或减免，应由政府悉心筹划，当机立断，决不可俟输入商之请求，而始为之，亦绝不可与彼辈谋之，以泄事机。盖商人敏于营利，工于投机，米价昂腾时，彼若侦知政府将有免税之举，则必中止其输入，俟免税时，再行大量之进口，在关税减税时期间，米价下落，政府将恢复关税时，彼又将盛行输入。果如是，则米价飞涨，亟待洋米救济时，反有洋米不来之虞，米价大跌，正拟拒斥洋米时，反有洋米纷至之虑。所以关税之减免或恢复，每为输入商所利用，日本往事，可为殷鉴。[①] 我国政府似应注意及之。

要而论之，我国历代粮食政策，绝不为先事预防之计，一遇灾荒，辄恃洋米为惟一之给源，此种思想，根本上实为谬误，如今年[②]旱灾初现时，亦复有此现象，长此因循，不确立粮食永久之计划，则华米将常为洋米所压迫，小麦及面粉，亦当演同一之结果。是中国粮食，永无自给之一日也。故粮食之输入统制，至为要图。

输入统制之方法，不止一端，要在政府先详查粮食生产与消费之关系及国内外粮食市场之状况，而后增减输入之数量，或禁止之，如输入限额制或输入独占制，均可相机行之。至详细办法，颇极繁杂，兹不暇论。惟有宜注意者，政府若实行输入统制，须兼顾消费者与生产者之利益，务剂其平，而尤不可有稍涉营利之思想，自伤威信。否则不如不统制之为愈也。

粮食之输入统制，与价格统制及生产统制及生产统制，有不可离之关系。不统制粮食之输入，则国内价格，常受国外价格之影响，变动无常，甚或为外国粮食所压倒，而不能维持相当之价格，虽欲厉行生产统制，以

---

① 上山满之进著《米谷问题》第201～205页。
② 1934年——编者注

奖励米麦及杂粮之增殖是缘木求鱼也。故输入统制，正所以完成价格统制及生产统制之使命。

粮食专卖为粮食统制之彻底的办法，近今欧洲各国，已有行之者，照中国现在政治及社会情形观察之，似尚难语此。但将来当有实行之一日，拟另草专编详论之，兹不遑述。

第四节　战时粮食统制问题

前三节所述之粮食统制法，系就平时而言之耳。至战争发生时，则情形大异，在交战国中，其有粮食充裕，足以自给而有余者，当宣战初期，尚无粮食恐慌之事，然若战区扩大，累年不休，粮食问题，亦当发生。例如欧战时，美国粮食本甚丰富，而因其参入战国，须供给多量之食料于协约国是也。至于平时为粮食输入国者，则一旦战端既开，粮食问题，即随之而起，盖是时本国与外国之交通，易生障碍；甚或水陆要冲，为敌军所封锁，国民及军队所需之生活资料，势不得不亟谋自给，以维持其国力。欧战时，英国以海军封锁德国，欲使其国民陷于饥饿，不战自屈，德国亦以猛烈的潜水舰之袭击，断绝英国粮道，此即为一种最严酷之战略，且照英国战时之经验，每人消费之面包量增加，[1] 盖战时军需工业非常发达，从事于此之劳动者，不惟其数激增，并因工作繁重，所需能力（Energy）亦要加大，因之粮食品之需要自增。如此，战时粮食一面患供给之减少，一面复感需要之增加，欲求供给与需要之均衡，不得不由政府统筹兼顾，确立最缜密之计划，颁布各种特别法规以实施之。故战时粮食统制，比之平时，尤周详而严肃。兹略述欧战时各国之粮食统制法于下以供参考。

欧战时，交战国之两方，经济情形及农业状况，互相悬殊，其粮食政策，自然因之稍异，然其目的在务求自给，以图久战，则无不同。兹分为数项，述其概要如下：

---

① Middleton《Food Production in War》第 260 页。

（一）战时粮食生产增加策

战时粮食生产有增加之必要，毋俟赘言。至其增加方法，大别之如下：

（1）耕地面积之增加

当大战发生时，国内苟有可耕之地而未耕者，应速行开发，以期增加生产，例如欧战时，英国农林部长，得根据国防法（The Defence of the Realm Acts），任意收用休闲地，依佃种契约及其他适宜方法，俾充农耕之用，若农民不愿耕其土地，战时农业委员会，亦得收用之。然政府不以是为足，1917 年 4 月，复制定谷物生产法（The Corn Production Bill），对于谷物物产者，保证其最低价格（Minimum Prices），对于农业劳动者，保证其最低工资（Minimum Wages），并依该法之规定，锐意扩张耕地。盖当是时，德国耕地约占全面积之 50%，法国耕地有 45%，而英国耕地，尚不及 25%。故政府急欲开拓草地及废地，以增殖生产，他如耕作不良的土地之重行分配（Re-allotment of Badly Farmed Land），及奢侈的作物面积之限制（Restriction of Acreage for Luxury Crops），亦所以间接增加谷物之栽培面积也。据乔治（Lloyd George）在议会之报告。1916 年 12月，耕地面积，比之 1915 年 12 月，约减少二三十万英亩，而 1917 年，则较往年增加百万英亩，即谷物及马铃薯，约增加三四百万吨，1918 年，耕地更可增加 200 万英亩。[1] 由此可见谷物生产法之效果，颇为显著。法国自欧战起后，即为敌军所侵入，被占据之土地，达于 1 000 万英亩，其中耕地约 620 余万英亩，[2] 1915 年粮食之生产，即已减少，至民国 16 及民国 17 年而益甚，麦田面积，较之战前仅有 2/3。[3] 故政府对于生产之奖励法，不得不积极进行，以谋抵补，如废地之利用，则其一端也。德国在战前粮食已预为准备，战时生产政策，尤努力实施，如土地改良组合设立之奖励，休闲地耕作之奖励，建筑用空地之利用，荒地之收用，甜菜栽培

---

① Kellogg and Taylor《The Food Problem》第 57 页。

② Cuichel Auge-Laribe《Agriculture and Food Supply in France during the War》第 53 页。

③ Kellogg and Taylor, Op. cit（Op. cit 是前引书或同上、同前的意思，下同。——编者注），第 46 页。

地之转用，^① 皆所以增加粮食作物之面积也。

（2）农业劳动之维持

战争发生后，农村中壮丁必为军队及军需工业所吸收，而农业劳动者，因以非常缺乏。欧战时，交战国之动员，大抵在人口之 10％至 20％之间，农村劳力，遂感不足，可以补充缺陷者，首为妇人。英国妇人，不惟代行男子之职务，并为劳力增加之一给源，如种牛之饲育，牛乳之榨取，马之管理，农场杂役及除草等均由妇人行之，颇能胜任。德国妇人之活动力，殆亘于社会各方面，即就农业而言，从前耕作之操诸男子之手者，今由妇人代行之，小则如农园之租种，大则如农场之经营，其成绩甚优。其次使用俘虏。亦为补充农业劳力之一法，而行之有组织者，莫如德国开战从第三年春间，俘虏之被驱使者，约 120 万人。英国虽曾使用俘虏，俾从事农耕，但其数无多耳。法国则因劳力之来源告乏，大利用亚非利加（非洲）殖民地之劳动者，其办法颇为适当。他如欧战中，各国军队，皆兼行农耕，并使兵士修习农业技术，凡自农村而来之兵士，得于农忙期暂行归田，此等政策，颇有成效。^② 至前所述英国农业劳动者最少工资之规定，尤为维持农村劳力之良法。

（3）肥料及农具之供给

欲增进土地之生产力，或维持其沃度，非多用肥料不可。欧战时，各国政府，对于肥料之供给，颇瘁心力。例如英国，在战前，硫酸钲（硫酸铵）产量颇丰，输出亦多，战事起，政府禁止输出，以专充国内农业之用，磷矿石战前概从德国输入，战后则设法从智利，佛罗里达（Florida）输入，并于国内极力谋石灰之供给增加。德国平时所施用之智利硝石，多自外国输入，战事即生，来源杜绝，乃利用空中氮气固定法，建设大工场，以补充氮气肥料之不足。^③ 美国政府，亦于战时购买硝酸钠（Nitrate

---

① 日本农商部食粮局编《食粮调查资料》第 7 号第 8 页。
② 第 24 卷第 1 号《帝国农会报》第 12～13 页。
③ 第 24 卷第 1 号《帝国农会报》第 11 页。

of Soda），以增加农业生产。[①]

如前所述，欧战起后，各交战国农村劳力，均形缺乏，故农具及农业机械之补充，其重要之度，不让于肥料。英国政府，早已注意及此。据乔治 1917 年 8 月之演说，政府已贷与牵曳机（Tractors）1 000 架于农民，是年 10 月可达于 2 500 架，1918 年春，当增至 8 000 架云。[②] 他如法、意、德国，亦于农具及农业机械力，力谋补充焉。

（二）战时粮食消费节约法

当国际战争累年不息之时，国家虽极力促进生产，而一面粮食之需要增加，一面则因劳力不足，肥料缺乏，往往有生产减退之征。且此际海外交通，阻碍横生，粮食输入，倍觉其难，故战时粮食，有入不敷出之虞，而欲以有限之物资，供给全国之用，非力求节约不可。顾节约之道，有由国民自动的行之者，有用国家强制的行之者。分述如下：

（1）国民之自动的节约

战时粮食之消费，若欲全国民皆励行节约，恐非借国家之统制力不为功。然国民果能了解粮食与战争之重要关系，自动的为节衣缩食之举，则国家不要加以干涉。在个人主义社会，平时经济的自卫上，已有节约与贮蓄之习惯，至战时为爱国心所激励，当能减少口腹之欲，以济军国之急需。英国素重自由，当欧战爆发时，粮食异当缺乏，诚有节约消费之必要，然其初，政府不愿施行强制法，务启发国民之自治的精神，以图其实现，虽其后因粮食问题之急迫，亦采用强制法，而自动的粮食节约运动（The Campaign of Voluntary Food Economy），仍积极进行。此种运动，遍及于都市村镇，其目的在要求国民在家庭中，限制面包、肉及砂糖之用量，与公众食堂之规定额相同，即每人一星期，以面粉 4 磅、肉 2.5 磅、砂糖半磅为限。此运动之结果颇佳，据英国粮食局监督之声明，1917 年 6 月，英国所食之面包，比之是年 2 月，减少 5%。至大都市面包之消费，

---

① Kellogg and Taylor, Op. cit，第 23 页。

② Ibid，第 58 页。

减少自 25％ 至 30％，例如普次茅斯（Portsmouth）每人每星期之面包，减至 3 磅 1 两，凯来市（Keighley），减至 2 磅 7 两是也。金德约翰司（Kennedy Jones）亦谓：英国国民之自动的粮食节约成绩颇著云。[①]

美国素以尊重自由相尚，国内粮食又充足，故其参战之初，不愿行强制的节约，粮食局督办胡佛（Herbet Hoover）曾列举强制的节约不要行之理由，以为：①美国国民中，为粮食之生产者，或与生产者有密接关系者，占其半数，故依强制法以抑制法以抑压消费，至为难事；②各地方住民粮食之消费习惯，互相悬殊，例如北都诸州劳动者小麦制品之消费量，每星期为 8 磅，而南部诸州，则仅有 2 磅；③贫者日常所消费之食料，仅足维持健康及精力，若再望其减少，是不可能也；④若行强制的节约，则一切监督费用，所需颇大云。[②] 胡佛之意见如此，所以美国虽于参战后公布粮食统制法（The Food Control Bill），设立粮食管理局（The Food Administration），而于消费之节约，仍由人民自动的行之，惟政府任指导及宣传之责，与全国各官厅、地方自治机关及各种爱国团体（Patriotic Societies），协力进行，俾国民了解粮食节约之必要理由及方法。所谓理由者，即①粮食为战争之决定的因子（Decisive Factor）；②协约国之兵力，非有粮食之最少必要量，不能维持之；③确保粮食之供给，能辅助协约国，是美国之人义务也。所谓方法者，大抵分为三种，即①浪费物之减少；②粮食代用物之奖励，例如以玉蜀黍代用小麦是也；③不必要的消费之轻减。如此美国之粮食保存运动（Food Conservation Campaign），积极进行，故其效果甚著。即美国借此养成食物节约的习惯及爱国心，虽在欧战告终数年后，犹有此感想也。[③]

（2）国家之强制的节约

战时粮食之消费，倘国民能行自动的节约，固为最善，但战争期限延长，粮食供给，愈形不足时，若专借国民之自治的精神，以行节约，恐其

---

① Kellogg and Taylor，Op. cit，第 65～67 页。
② 第 24 卷第 2 号《帝国农会报》第 26 页。
③ Kellogg and Taylor，Op. cit，第 33～36 页。

效果不能充分发挥之，其结果，国家实施强制法，亦势不获已也。英国当
欧战初期，粮食之节约，甚望国民自动行之，嗣因 1916 年之消费额，政
府原冀减至 1915 年之 75％，终以事难如愿，遂改用强制制度。是年末，
创行公众食堂之特别管理（Special Control of Public Eating Places），所谓
伦西曼规程（Runciman Order）者，即限制食物之种类也。[①] 嗣于 1917 年
4 月，复颁布公众膳食规程（Public Meals Order）以限制食品之数量，[②]
政府又设国立小麦委员会（The Royal Wheat Commission），统制小麦，
并将面粉厂由政府管理，规定小麦之制粉率为 81％，如此制成之面粉，
尚须混合 35％至 50％之他种谷物。[③] 法国战时消费之节约，亦励行之，如
小麦制粉率，初定为 74％，继自 77％加至 80％，最后为 85％，面包须用
战时面粉（War Flour）制成之，不许别制糕饼，面包之分配，用面包票
制（Bread Card System），一人每日分量，视年龄定之。[④] 肉之消费限制
亦严，例如 1915 年 3 月 15 日至 10 月 15 日间，每星期四及星期五，允许
贩卖肉类。[⑤] 糖之消费，亦用糖票（Sugar Card）限制之。[⑥] 意大利战时之
粮食消费，限制亦严，小麦制粉率，初定为 80％，继增至 85％，终为
90％，盖较法国之小麦制粉率更高也。糖之消费，尤求节约，主要都市，
均由糖票，并由政府制造糖与糖精（Saccharine）之混合物，名之曰国糖
（State Sugar）。[⑦] 德国因苦战数年，粮食益匮，粮食消费，节约更甚，国
内之面包谷物（Bread Grains），每人每日所得之分量本有 300 克，继定为
225 克，复降于 200 克，终乃少至 175 克。[⑧] 若以熟量计之，德国战前，
每一成人每日所摄取之食物，与平均熟量为 3 642 卡路里（Calorie），
1914 年及 1915 年之食物标准热量，为 2 800 卡路里，1916 年后，降至

---

① Kellogg and taylor，Op. cit，第 60 页。
② Ibid，第 62 页。
③ Ibid，第 59 页。
④ Kellogg Taylor《The Food Problem》第 50 页。
⑤ Ibid，第 51 页。
⑥ Ibid，第 52 页。
⑦ Ibid，第 40～42 页。
⑧ Ibid，第 89 页。

2 000 卡路里，1917 年冬，复降至 1 320 卡路里，即此更足见德国粮食之节约，蔑以复加矣。①

在太平无事之时，人之食物与家畜之饲料，概划若鸿沟，不至冲突，至战争时则情形大殊。倘国内饲料，不敷养畜之需，势不能不移用粮食之一部，以补充饲料，且饲料之栽培面积不减，则粮食之栽培面积，亦不易增，所以战时家畜头数之多少，与粮食问题，至有关系，不可不考虑及之。德国在欧战前，浓厚饲料，自外国输入者不鲜，至为敌军封锁后，此种输入，已不可能，只得酌量屠杀家畜，以防粮食谷物之流用于饲料。② 法国于1917 年 7 月，颁布家畜饲料统制之命令，亦所以间接谋粮食之节约也。

他如酒精制造之制限或禁止，各种粮食代用品之奖励，欧战时各交战国相继行之，其效颇著。

（三）战时粮食分配策

当战争时，物质缺乏，人心骚动，若粮食之分配，不能普及，或不分平，则虽生产力求其增加，消费力求其节约。而粮食统制之效果，终为微弱。所以欧战时，各国对于粮食之分配政策，异常注意。美国于 1917 年8 月 10 日，颁布粮食统制法，设立粮食管理局，以胡佛为督办，锐意进行。据该统制法之规定，其主要条项如下：①凡故意毁损粮食或垄断粮食，致价格腾贵，供给缺乏者，禁止之；②粮食之输入、制造、贮藏及分配，大总统得干涉之；③屯积居奇之粮食，政府得没收而贩卖之；④大总统有征发军粮之权；⑤大总统得收用粮食制造机关，贩卖其生产物；⑥大总统得禁止投机，取缔交易所等之商业机关；⑦1918 年度小麦 1 蒲式耳之公定价格，为美金两元。此等规定，皆所以使粮食之分配，臻于圆满者也。③ 法国依 1915 年 10 月之法令，政府行得统制粮食之贸易，以一定价格，征发小麦及面粉，以充市民之用，至为兵队征发军粮，则此制法国早已行之，非始于欧战时也。1916 年 4 月，颁布与前相同之法令，适用之

---

① 第 24 卷第 2 号《帝国农会报》第 30～31 页。
② Kellogg and Taylor，Op. cit，第 75～77 页。
③ 日本粮食局编《食粮调查资料》第 7 号第 5 页。

于黑麦、燕麦、大麦及糠麸，是月，又制定最大价格法（The Maximun Price Law）以防止投机。征之法国战时之经验，凡物品之供给，由政府统制者，最大价格法，甚有成效，其政府不能统制者，则殆无效。[①] 英国战时，亦颁布最大价格法，适用之于各种食料，以防商人之操纵市场，抬高价格，德国于粮食价格之调节及分配之统制，其办法尤为严密。[②]

由上所述，可以知欧战时各国粮食统制之概况矣。现在列强，虽日以国际和平相号召，而去年[③]世界经济会议，未告成功，军缩会议，又现失败，祸机四伏，与日俱深，第二次世界大战，有一触即发之势。于斯时也，中国必卷入旋涡中，可预言也。中国素乏大战之经验，而又兵力单弱，军械远不如人，欲进而率师远征，鏖战海外，势有所不能，然扼守要塞，深沟高垒，未始不可以自守，纵敌军挟其精锐之武器，攻城掠地，所向披靡，然亦不能长驱直进，深入内地，我国且战且守，为长期之抵抗，事尚可为也。顾欲达此目的，固要在振兴士气，抗御强暴，而欲维持社会之安宁，及国民之生活力，粮食问题，须先求其解决之道，而其要则在乎参照欧战时各国之粮食统制法，因地制宜，酌量变通而行之。

如前所述，战时粮食统制之主要方法。在生产之促进，消费之节约，及分配之适宜，中国将来与外国交战，能否于此三点，进行无阻，实为最重大之问题。试略论之：

中国平时，果能岁无歉收，而又国内流通，绝对自由，则粮食差足以自给，即云不足，为数无多，前已屡言之矣。至战时则尚有增加生产之必要，征之欧战时各国之经验，可以了然。顾中国粮食生产增加之可能性甚大，而利用此可能性，发挥而光大之，须有相当之准备。就已耕地而言，土地之生产力，尚绰有余裕，倘能提高农业之集约度，生产自当增加，所虑者，战时劳力缺乏耳。就令中国农村，向有劳力过剩之现象，战时不患其不足，而肥料之补给，实属至难。盖吾国平时肥料尚不敷用，战时欲从外国

---

① Kellogg and Taylor，Op. cit，第48～49页。

② Ibid，第81～85页。

③ 1933年——编者注

输入大量之化学肥料，其可能乎？就未耕地而言，可以拓殖之余地尚多，固为幸事，但在战时，以农村劳力维持已耕之地，已须勉强行之，若欲分其余力，以开辟新土，恐不可能。即曰能之，而农具及农业机械，将安求之。故中国为备战计，宜及早振兴垦务，更宜于肥料及农具之补充，三致意焉。

中国粮食之一部分，向恃外国米麦为给源，至战时，则此种希望，恐成泡影，势不得不力谋自给以图存。照现在粮食之生产及消费情形观察之，米麦容有不足，而杂粮尚有余，倘奖励粮食之代用法或混用法，或不至于匮乏，然非为求节约不为功。消费之节约，能由国民自动的行之，最为善策，然此非国民富于爱国心，而教育的宣传之力，又能普及于乡村，恐其事难于实现。将欲由国家强制行之，则此又须有公正无私之官吏为之督率，精明廉洁之警察为之监视，庶不至病国而扰民。凡此诸点，皆应早注意及之。

中国战时粮食之分配问题，较之生产之促进与消费之节约，恐更见其必要。盖在平时，通商要埠，粮食不足，尚可输入外国米麦及面粉，以救济一时之恐慌，战时则不可能。倘非国内粮食绝对的自由流通，则后患将不堪设想。中国历年，一方有谷物过剩之虞，他方在饥馑存臻之叹，万一战时亦有此现象，则一方积有余粮，他方朝不保夕，此时战事未已，人心不安，一县或一省之饥民，铤而走险，揭竿而起，已足以破坏大局而有余，恐中国不亡于外患，而亡于内乱矣。所以中国战时粮食之分配，能否适宜？实为生死存亡之一大关键。但欲求分配之普遍，必须运输敏捷，朝发夕至而后可。中国平时粮食之运输问题，尚难解决，战时船舶车辆之缺乏，当更甚于今日，欲弭此患，宜从速图之。且中国向来省自为政，甲省与乙省痛痒不相关，所谓防谷令者，无非以保境安民为职志，此种政策，在平时已非所宜，战时尤所当禁。中国将来，尚有长期抵抗之希望者，要在于全国敌忾同仇，众志成城耳。万一各省秦越相视，无殊曩昔，则一省虽欲保境安民，而他省境不保，民不安，其能晏然无惊，巍然自存耶。所以战时粮食，须以全国为一单位统筹兼顾，调剂盈虚，力祛分配不均之弊而后可，否则危矣。至战时粮食价格必飞涨，凡囤户之屯积居奇，奸商之投机牟利，皆宜严予取缔，以防市场之扰乱，保社会之安宁，更不俟言矣。

图书在版编目（CIP）数据

粮食问题 / 许璇著 . —北京：中国农业出版社，
2020. 10（2021. 4 重印）
（中国农业大学经济管理学院文化传承系列丛书）
ISBN 978 - 7 - 109 - 26591 - 2

Ⅰ.①粮… Ⅱ.①许… Ⅲ.①粮食问题－研究－中国
Ⅳ.①F326.11

中国版本图书馆 CIP 数据核字（2020）第 028343 号

中国农业出版社出版

地址：北京市朝阳区麦子店街 18 号楼
邮编：100125
责任编辑：闫保荣
版式设计：王　晨　　责任校对：刘丽香
印刷：北京中兴印刷有限公司
版次：2020 年 10 月第 1 版
印次：2021 年 4 月北京第 2 次印刷
发行：新华书店北京发行所
开本：700mm×1000mm　1/16
印张：9
字数：120 千字
定价：50.00 元